JN260048

# MOSアナログ
# 電子回路

髙木茂孝 著

朝倉書店

本書は，株式会社昭晃堂より出版された同名書籍を再出版したものです．

# まえがき

　近年のCMOS集積回路技術の発達はめざましく，一層の微細化が進み，集積度が益々向上し，より高速に動作するようになっている．特にアナログ・ディジタル混載集積回路は，様々な機能を1チップ上に実現することが可能であり，ほとんどのディジタル回路がCMOSプロセスにより実現されていることから，アナログ回路もCMOSプロセスによる実現が望まれている．今日，従来のバイポーラトランジスタを用いたアナログ回路が，MOSトランジスタによる回路に置き換わりつつある．

　本書は，このような背景から，交流回路理論を学んだ者を対象として，MOSアナログ電子回路の設計や解析を習得することを目的としている．MOSアナログ電子回路は，MOSトランジスタのゲート端子に電流が流れないため，バイポーラトランジスタを用いたアナログ回路よりも解析が容易で，初学者にもその動作が理解しやすい．しかし，MOSアナログ電子回路に限らず，電子回路の解析は，直流成分と信号成分に分けて行うという独特の方法を用いる．そこで，本書では，MOSトランジスタの特性の簡単な説明から入り，トランジスタ1個の増幅回路の動作原理を，豊富な図を用いて，できるだけ詳細に，できるだけわかりやすく説明している．また，重要な箇所には問題を用意し，章末にも演習問題を付けている．さらに，解答が自明であるものを除き，導出過程も示した，詳細な解答を付けている．MOSアナログ電子回路に関する理解を深めるために，これらの問題にも是非チャレンジしてもらいたい．

　本書は，9章からなる．まず第1章では，MOSトランジスタの動作原理について説明し，MOSトランジスタの電圧と電流の関係を表す特性式について述べている．これらを基に，第2章では，1個のMOSトランジスタからなる簡単な増幅回路に的を絞り，増幅作用について説明するとともに，直流成分と信号成分とに分けて解析する電子回路特有の手法について述べている．第3章では，第2章の考え方を用いて，MOSアナログ電子回路の3種類の基本増幅回路の解析を行っている．さらに，基本増幅回路を組み合わせて，特性を改善する方法についても説明している．これら3章がMOSアナログ電子回路の基礎をなしている．

　第4章から第7章では，増幅回路の特性の限界やその改善方法について述べている．第4章では，MOSトランジスタなどに付随する寄生容量の影響を解析し，増幅回路が動作する周波数の限界を求めている．ここでの解析は煩雑となっているが，「ゼロ時定数解析法」と呼ばれる手法の本質が理解できれば，回路を「読む」力を身につけることができるので，努力してほしい．第5章では，集積回路上にMOSアナログ回路を実現するための基本回路である，差動増幅回路などに

ついて述べている．差動増幅回路の構造の対称性を用いれば，第3章までの知識で容易に差動増幅回路が解析できることを示している．第6章と第7章では，増幅回路の高性能化のための回路技術について述べている．第6章では，電子回路で用いられる最も重要な回路技術の一つである負帰還回路技術について説明している．また，帰還回路の一種である，発振回路についてもその原理を示している．第7章では，信号のひずみを低減する手法や電子的に増幅度が変化する増幅回路の実現方法，低電源電圧の下での設計手法などについて説明している．特に信号のひずみを低減する手法は，主としてMOSアナログ電子回路で発展した手法である．

第8章では，第4章から第7章を総括する意味も含めて，アナログ電子回路において最も重要な能動素子である，演算増幅器について述べている．ここでは，理想の演算増幅器がナレータとノレータと呼ばれる仮想の素子で等価的に置き換えられ，この等価表現を用いることにより，演算増幅器を用いた回路が非常に容易に解析できることについて説明し，さらに，MOSアナログ電子回路特有の演算増幅器の応用例を示している．

第9章では，個別部品で実現することが困難なため，実験をすることが難しいMOSアナログ電子回路の動作を，間接的に体験することができる，回路シミュレータについて説明している．世界的に幅広く用いられている回路シミュレータSPICEを例にとり，回路シミュレータの概要について述べている．最近では，パーソナルコンピュータ上で動作する回路シミュレータが容易に入手できるので，チャンスがあれば回路シミュレータと手計算との比較を行い，その違いについても考えてもらいたい．

時代はディジタル全盛ではあるが，自然界の信号がアナログであるため，インターフェースにはアナログ回路が不可欠である．また，アナログ回路を巧みに利用すれば，豊富な機能をコンパクトに実現することも可能である．さらに，高速に動作するディジタル回路は，もはやアナログ回路であり，アナログ回路的センスなしではその設計は困難である．多くの集積回路がCMOSプロセスにより実現されている今日，MOSアナログ電子回路を学習することは極めて重要であり，本書がその一助となれば誠に幸いである．

最後に，本書の執筆にあたり，貴重なご意見やご助言を賜った，東京工業大学藤井信生教授に心から感謝の意を表す．

1998年4月

髙木　茂孝

# 目　次

# 1 MOS トランジスタの特性

1.1　p 型半導体と n 型半導体 …………………………………………… 1
1.2　pn 接　合 ……………………………………………………………… 3
1.3　MOS トランジスタの構造 …………………………………………… 5
1.4　同一基板上の n チャネル MOS トランジスタと
　　　p チャネル MOS トランジスタ …………………………………… 9
1.5　MOS トランジスタの直流特性 ……………………………………… 11
1.6　MOS トランジスタの特性のまとめ ………………………………… 16
　　　演 習 問 題 …………………………………………………………… 17

# 2 MOS トランジスタの増幅作用

2.1　バイアスと信号成分 ………………………………………………… 20
2.2　直線近似による小信号解析 ………………………………………… 24
2.3　MOS トランジスタの小信号等価回路 ……………………………… 26
2.4　MOS トランジスタの高周波等価回路 ……………………………… 29
2.5　直流電圧源並びに直流電流源の小信号等価回路 ………………… 30
2.6　小信号等価回路による解析 ………………………………………… 31
　　　演 習 問 題 …………………………………………………………… 33

# 3 基本増幅回路の小信号特性

3.1　増幅回路の諸特性 …………………………………………………… 36
3.2　トランジスタ 1 個を用いた増幅回路 ……………………………… 38

3.3 縦続接続型増幅回路 …………………………………………… 46
演習問題 ……………………………………………………………… 51

# 4 増幅回路の高周波特性

4.1 ミラー効果 …………………………………………………… 54
4.2 基本増幅回路の高周波解析 ………………………………… 55
4.3 ゼロ時定数解析法 …………………………………………… 63
4.4 カスコード増幅回路とその高周波特性 …………………… 67
演習問題 ……………………………………………………………… 70

# 5 集積化基本回路

5.1 集積回路の概要 ……………………………………………… 73
5.2 差動増幅回路 ………………………………………………… 76
5.3 バイアス回路 ………………………………………………… 83
演習問題 ……………………………………………………………… 92

# 6 負帰還回路と発振回路

6.1 負帰還回路技術 ……………………………………………… 94
6.2 発振回路 ……………………………………………………… 108
演習問題 ……………………………………………………………… 112

# 7 高性能化回路技術

7.1 入力範囲の拡大 ……………………………………………… 115
7.2 チャネル長変調効果の低減と低電源電圧化 ……………… 123

7.3 レイアウト技術 ……………………………………………… 131
演 習 問 題 ……………………………………………………… 134

# 8　演算増幅器とその応用

8.1 理想演算増幅器 ……………………………………………… 137
8.2 演算増幅器の構成と特性 …………………………………… 141
8.3 演算増幅器を用いた応用回路 ……………………………… 152
演 習 問 題 ……………………………………………………… 160

# 9　回路シミュレータ

9.1 回路の記述 …………………………………………………… 164
9.2 回路の解析 …………………………………………………… 168
9.3 回路解析の例 ………………………………………………… 174
9.4 回路解析のまとめ …………………………………………… 179

問 題 解 答 ……………………………………………………… 181

索　　　引 ……………………………………………………… 203

# 1 MOSトランジスタの特性

MOSトランジスタを用いた回路を設計する上では，MOSトランジスタの特性を知ることが必要不可欠である．本章では，まず，半導体の性質について述べ，MOSトランジスタの動作原理や，MOSトランジスタの電圧と電流の関係を表す特性式について簡単に説明する．

## 1.1 p型半導体とn型半導体

半導体とは導体と絶縁体の中間の電気伝導度を持つ物質である．半導体はIV族の元素などから構成されている．たとえば，IV族の元素の一つであるシリコン（Si）から構成される半導体を模式的に表すと図1.1のようになる．シリコン原子1個は4個の最外殻電子を持っているが，図1.1に示すように，周辺の他のシリコンと最外殻電子を互いに共有し，1個の原子核の周りを8個の最外殻電子がとり囲んだ状態となっている．このように，すべての原子が8個の最外殻電子に囲まれた状態が半導体が安定な状態である．この状態に外部から熱

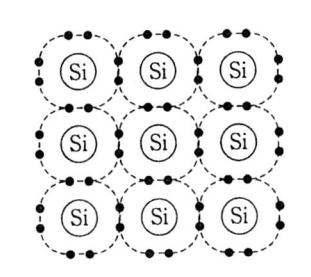

図 1.1 シリコン半導体の模式図

や光などのエネルギーが加えられると，図1.2に示すように，最外殻電子が原子核から離れ，半導体中を移動するようになる．この電子を自由電子と呼ぶ．自由電子が発生すると自由電子の抜け穴が残る．自由電子が負の電荷を持っているため，その抜け穴は正の電荷を持つことになる．このため，この抜け穴のことを正孔またはホールと呼ぶ．

　最外殻電子が飛び出してできた抜け穴である正孔には別の電子が移動して，その場所を埋めることになる．たとえば図1.3に示すように，a点で自由電子が飛び出し，正孔が発生する．実線に示すように，この正孔をb点の電子が埋めることにより，正孔がb点にできる．さらに，この正孔をc点の電子が埋め，最終的にc点に正孔ができる．実際には実線で示すように，電子が移動しているのであるが，見方を変えれば，破線のように正孔がa点からb点を通ってc点に移動したと考えることもできる．このように正孔が移動したと考えれば，正孔は正の電荷を持った粒子と考えることができる．すなわち，正孔は，自由電子と同様に，電荷の担い手であることがわかる．このことから，自由電子と正孔を総称してキャリアと呼んでいる．

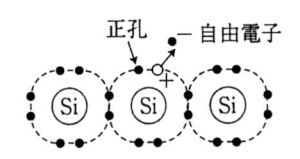

図 1.2　自由電子とホールの発生　　　　図 1.3　ホールの移動

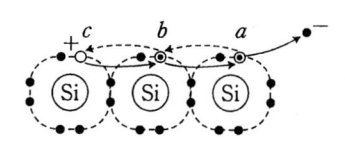

　図1.1に示した半導体では，自由電子が発生すれば必ず正孔も発生するので，自由電子の数と正孔の数は等しい．自由電子と正孔の数が同じでなければならないという制約を取り除いて，自由電子や正孔の数を自由に調整するためには，半導体に不純物を加える必要がある．たとえば，図1.4に示すように，シリコンにV族の元素であるリン（P）を加える．リンは最外殻に5個の電子を持っている．リンの原子核をとり囲むシリコンと電子を共有することにより，リンの原子核は9個の最外殻電子に囲まれることになる．しかしながら，最外殻電

子の数は8個が安定状態であるため，1個の最外殻電子は，外部から加わるわずかなエネルギーで自由電子となる．しかもこの場合は正孔が発生しない．

次に，図1.5に示すように，Ⅲ族の元素であるホウ素（B）を加えた場合について考えてみよう．ホウ素は最外殻電子が3個しかない．このためホウ素は周りのシリコンと電子を共有しても最外殻には7個の電子しかなく，自由電子を伴わずに正孔が発生する．

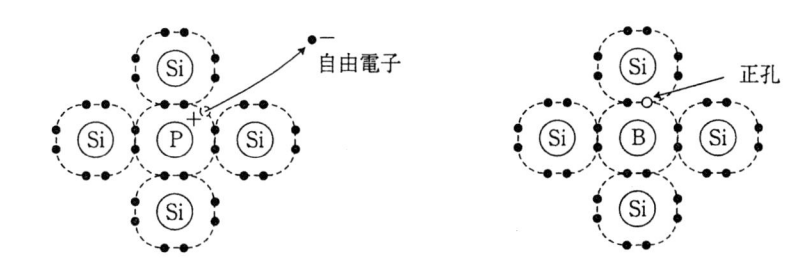

図 1.4  不純物による自由電子の発生 　　　図 1.5  不純物による正孔の発生

これら不純物を加えた半導体を不純物半導体と呼び，不純物を加えていない半導体を真性半導体と呼ぶ．さらに，不純物半導体は，図1.4のようにⅤ族の元素などを加えて自由電子の数が正孔よりも多いn型半導体と，逆に図1.5のようにⅢ族の元素などを加えて正孔の数が自由電子よりも多いp型半導体とに分けることができる．また，不純物半導体中の自由電子と正孔の数の違いから，n型半導体中の自由電子やp型半導体中の正孔を多数キャリアと呼び，n型半導体中の正孔やp型半導体中の自由電子を少数キャリアと呼ぶ．

## 1.2  pn 接 合

集積回路において最も重要な構造の一つにpn接合がある．pn接合とは，図1.6に示すように，p型半導体とn型半導体が接合面を境界として互いに合わさった構造のことである．一般に，粒子には全体に均一になろうとする性質が

ある．この性質のことを拡散と呼ぶ．n型半導体中の自由電子の数はp型半導体中の自由電子の数よりも圧倒的に多く，この結果，拡散によって自由電子はn型半導体からp型半導体へと広がっていく．自由電子と同様に，正孔もp型半導体からn型半導体へと拡散する．この様子を図1.7 (a) に示す．

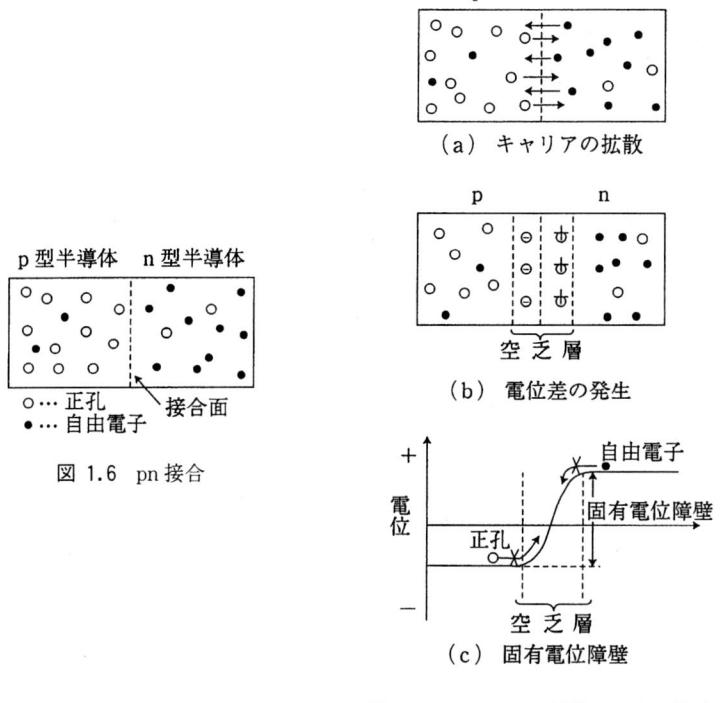

図 1.6 pn接合

図 1.7 キャリアの拡散と固有電位障壁

p型半導体へ移動した自由電子は，p型半導体中で多数を占める正孔と出会い，消滅する．このことをキャリアの再結合と呼ぶ．n型半導体中に入った正孔も自由電子と出会い，再結合する．図1.7 (b) に示すように，p型半導体とn型半導体の接合面の付近では，再結合のためキャリアの存在しない領域が発生する．この領域を空乏層と呼ぶ．はじめp型半導体やn型半導体それぞれは電気的に中性であるが，p型半導体は自由電子が拡散してきたため負に

帯電し，n型半導体は正孔が拡散してきたため正に帯電する．このため，p型半導体とn型半導体との間に電位差が生じる．n型半導体のほうがp型半導体よりも電位が高くなるため，p型半導体中の正孔がn型半導体へ拡散することが妨げられる．n型半導体中の自由電子も同様に，電位の低いp型半導体へ拡散することが困難となり，やがて拡散は停止する．このときの電位差を固有電位障壁と呼ぶ．固有電位障壁はその名の通り，多数キャリアにとって電気的な障壁となっている．また，図1.7 (c) に示すように，この電位の変化はほとんどが空乏層内で起きている．

外部からこの固有電位障壁を低くする方向に電圧を加えると，キャリアの移動が起こり，大きな電流が流れる．逆に，固有電位障壁をより高くする方向に電圧を加えると，キャリアは移動が一層困難となり，ほとんど電流は流れず，p型半導体とn型半導体とを電気的に分離することができる．このように，pn接合では，電気的な方向性が発生している．図1.8 (a) に示すように，大きな電流が流れる方向に電圧を加えることを順方向バイアスと呼び，図1.8 (b) に示すように，電気的にp型半導体とn型半導体を分離するように電圧を加えることを逆方向バイアスと呼ぶ．

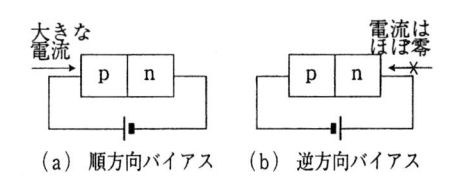

図 1.8 pn接合とバイアス

## 1.3 MOSトランジスタの構造

図1.9は集積回路上に実現した，典型的なMOSトランジスタの構造を表している．MOSトランジスタは基板と呼ばれるp型半導体の上部にn型半導体の領域を2個設け，それらの間のp型半導体の領域を絶縁体である酸化物と

導体である金属とで覆った構造をしている．この金属（Metal），酸化物（Oxide），半導体（Semiconductor）の3層構造はMOS構造と呼ばれている．基板はサブストレートまたはバルクと呼ばれることもある．

図1.9において端子Sをソース端子，Dをドレイン端子，Gをゲート端子と呼ぶ．端子Bは基板端子またはサブストレート端子と呼ばれている．これらの端子を単にソース，ドレインなどと呼ぶことも多い．

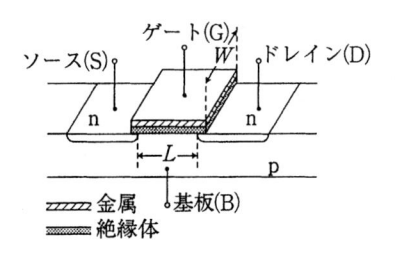

図1.9 MOSトランジスタの構造

一般に，MOSトランジスタを用いて集積回路を構成する場合，基板はすべてのトランジスタのソースやドレインから電気的に分離されていなければならない．図1.9の場合には，サブストレート端子を電位の最も低い節点，一般には接地点に接続することにより，基板とソースやドレインとの間のpn接合を逆方向バイアスし，基板をドレインやソースから電気的に分離することができる．また図1.10に示すように，サブストレート端子だけでなくソース端子も，最も電位の低い節点（図1.10の場合は接地点）に接続しても基板とソースと

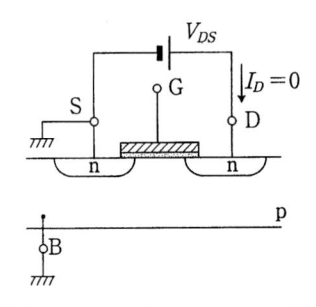

図1.10 ドレインとソースの分離

## 1.3 MOSトランジスタの構造

の間に生じる固有電位障壁のため,基板とソースが電気的に分離される.

ここで,ドレイン端子とソース端子との間に電圧 $V_{DS}$（>0）を加えてみよう.$V_{DS}$ を加えただけでは,ドレイン端子とソース端子は基板と電気的に分離されているため,ドレインからソースへの電気的な道が存在せず,電流は流れない.

次に,図1.11に示すように,ゲートとソース間にも十分大きな電圧 $V_{GS}$（>0）を加えてみよう.ゲートと半導体の間には絶縁体である酸化物があるため,ゲートには電流は流れない.しかし,この正の電圧によりドレインとソースの間のp型半導体の表面には負の電荷を持つ自由電子が多数引きつけられ,やがて表面付近はp型半導体からn型半導体へと変化する.この結果ドレインとソースがn型半導体で結ばれて電気的な道が作られ,電圧 $V_{DS}$ によって電流が流れる.このドレインとソースによって挟まれ,n型半導体に変化した部分は,電流が流れる道であることから,チャネルと呼ばれている.また,チャネルがn型半導体であることから図1.9のトランジスタをnチャネルMOSトランジスタと呼ぶ.図1.9のすべてのn型半導体とp型半導体を入れ替えることにより,pチャネルMOSトランジスタも実現することができる.

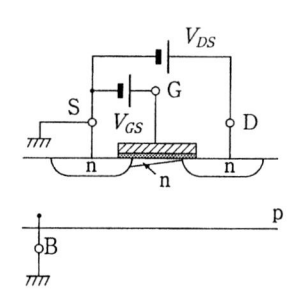

図 1.11 チャネルの形成

図1.9に示すチャネルの幅 $W$ および長さ $L$ をそれぞれチャネル幅,チャネル長と呼び,MOSトランジスタの特性を決める重要な設計パラメータである.MOSトランジスタを用いたアナログ回路の設計とは,この $W$ と $L$ を決めるこ

とと言っても過言ではない．また，MOSトランジスタはMOSFET（MOS Field Effect Transistor）と呼ばれることもある．

一般に，チャネルが形成されるためには$V_{GS}$は

$$V_{GS}-V_T>0 \tag{1.1}$$

を満足しなければならない．ただし，$V_T$はしきい電圧と呼ばれている．

図1.9の構造のMOSトランジスタでは$V_T$は正であるが，$V_{GS}$を加えなくても図1.12に示すようにドレインとソース間にあらかじめ薄いn型半導体を形成しておくことにより，負のしきい電圧のMOSトランジスタを実現することもできる．nチャネルMOSトランジスタの場合，$V_T$が正のトランジスタをエンハンスメント型，$V_T$が負のトランジスタをディプリーション型と呼ぶ．したがって，MOSトランジスタはチャネルにより2種類に，しきい電圧によりさらに2種類に分類されるため，合計4種類のMOSトランジスタがある．これらの記号を図1.13並びに図1.14に示す．

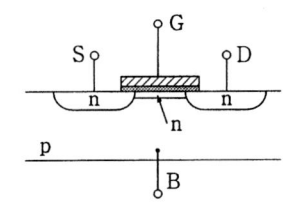

図1.12 ディプリーション型MOSトランジスタ

(a) エンハンスメント型　　(b) ディプリーション型
　　　($V_T>0$)　　　　　　　　($V_T<0$)

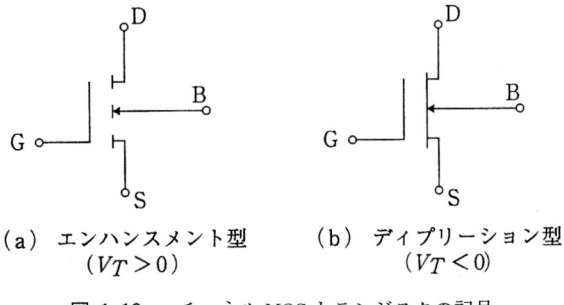

図1.13 nチャネルMOSトランジスタの記号

(a) エンハンスメント型
 ($V_T < 0$)

(b) ディプリーション型
 ($V_T > 0$)

図 1.14　pチャネル MOS トランジスタの記号

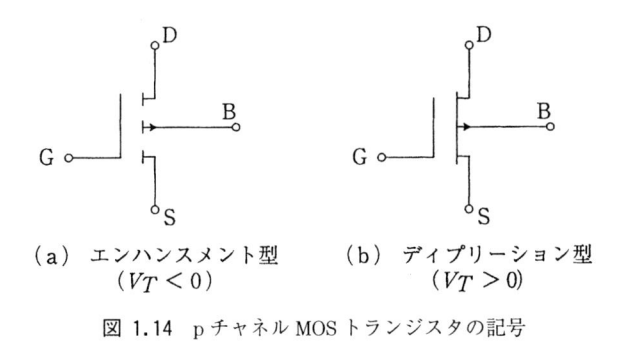

〔問 1.1〕　エンハンスメント型pチャネル MOS トランジスタの動作原理について簡単に説明せよ．

## 1.4　同一基板上のnチャネルMOSトランジスタとpチャネルMOSトランジスタ

　p型半導体基板上にnチャネルMOSトランジスタとpチャネルMOSトランジスタを同時に実現するためには，図1.15に示す構造が用いられる．nチャネルMOSトランジスタ部分は図1.9と同じであるが，pチャネルMOSトランジスタ部分はp型半導体基板中にウェルと呼ばれるn型半導体を設け，この中にさらにドレインやソースとなるp型半導体を実現している．このpチャネルMOSトランジスタでは，n型半導体のウェルの部分がサブストレート端子となる．

　図1.9や図1.15からわかるように，MOSトランジスタは構造的にソース側とドレイン側が対称であるため，一般にはドレインとソースの構造上の区別はない．nチャネルMOSトランジスタにおいては，電位の高い端子がドレイン，電位の低い端子がソースとなる．pチャネルMOSトランジスタでは，nチャネルMOSトランジスタと電気的極性が反対であるため，電位の低い端子がドレイン，電位の高い端子がソースとなる．

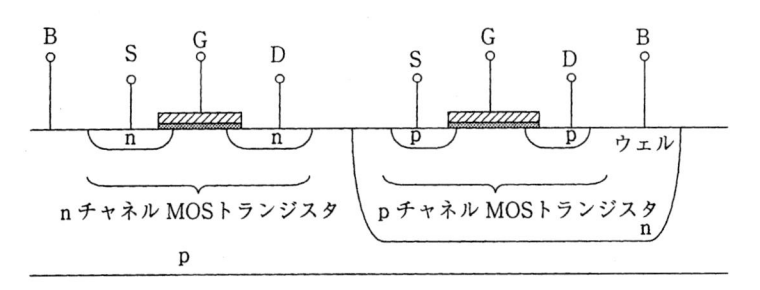

図 1.15　nチャネル MOS トランジスタと p チャネル MOS トランジスタの実現

　nチャネルトランジスタでも p チャネルトランジスタでも，ソースを基板やウェルから電気的に分離しなければならない．ドレインとソースの電位の関係から，ソースが基板やウェルから電気的に分離されれば，ドレインは自動的に基板やウェルから分離される．ソースと基板とを電気的に分離するため，図1.15 の場合，n チャネル MOS トランジスタのサブストレート端子である基板を電位の最も低い節点に接続し，p チャネル MOS トランジスタのサブストレート端子を電位の最も高い節点に接続する．

　図1.15 の p チャネルトランジスタの場合は，ウェルの中に1個のトランジスタがあるだけであるので，このトランジスタのソースとウェルが電気的に分離されればよい．そこで，固有電位障壁だけでもキャリアの移動が妨げられることを利用すれば，ソース端子をサブストレート端子に接続するだけで，ソースはウェルから電気的に分離される．

　一方，図1.15 の n チャネルトランジスタは，ウェル内の p チャネルトランジスタと異なり，基板上に通常1個ではなく複数個存在する．この場合，回路構造の制約から，一般にはすべての n チャネルトランジスタのソース端子をサブストレート端子に接続することはできない．どのような信号が加わっても，基板上にあるすべての n チャネルトランジスタのソース端子が，基板から電気的に分離されなければならないので，p 型半導体基板上の n チャネルトランジスタのサブストレート端子は，最も電位の低い節点に接続する．

〔問 1.2〕 n 型半導体基板上に，n チャネル MOS トランジスタと p チャネル MOS トランジスタを実現するとどのような構造になるかを示せ．また，この場合，サブストレート端子をどのように接続すればよいか．

## 1.5 MOS トランジスタの直流特性

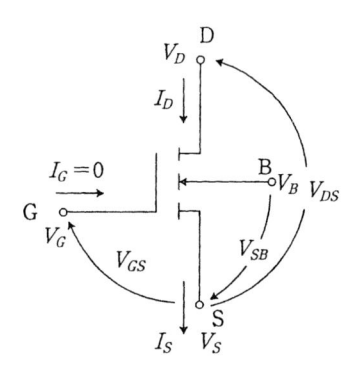

ここでは，MOS トランジスタの直流特性について考えてみよう．図 1.16 に示すように，エンハンスメント型 n チャネル MOS トランジスタに加わる電圧や電流の向きを決める．ただし，サブストレート端子の電位 $V_B$ は，ドレインとソースを電気的に分離するため回路中の電位の最も低い端子に接続されていると仮定する．

図 1.16 n チャネル MOS トランジスタの電圧・電流の向き

MOS トランジスタの最大の特徴はゲートに流れる電流が常に零であることである．すなわち，図 1.16 の MOS トランジスタのゲート電流 $I_G$ は

$$I_G = 0 \tag{1.2}$$

である．また，サブストレート端子もドレインやソースから電気的に分離されているため，サブストレート端子に流れる電流も零である．この結果，ドレイ

ンに流れ込む電流 $I_D$ はソースから流れ出ていく電流 $I_S$ に等しく

$$I_D = I_S \tag{1.3}$$

となる．ゲート端子やサブストレート端子に流れ込む電流が零であるので，MOS トランジスタの直流特性で一番重要となるのはドレイン電流（またはソース電流）であることがわかる．

### 1.5.1 しゃ断領域と非飽和領域

今まで述べてきたように n チャネル MOS トランジスタでは，ゲート-ソース間電圧 $V_{GS}$ がしきい電圧 $V_T$ 以下である場合はドレイン電流 $I_D$ が零となる．このようなトランジスタの状態をしゃ断領域にあるという．

一方，$V_{GS}$ が $V_T$ よりも大きい場合に，ドレイン-ソース間電圧が正であるならばドレイン電流が流れる．ドレイン-ソース間電圧 $V_{DS}$ の値が小さい間は，ドレイン電流 $I_D$ は

$$I_D = 2K\left(V_{GS} - V_T - \frac{V_{DS}}{2}\right)V_{DS} \tag{1.4}$$

という式に従い，$V_{DS}$ の増加とともに $I_D$ も増加する．ただし，定数 $K$ はチャネル幅 $W$ とチャネル長 $L$ とにより定まり，

$$K = K_0 \frac{W}{L} \tag{1.5}$$

である．また，$K_0$ はプロセスによって定まる定数で，キャリアの移動度 $\mu$，単位面積当たりのゲート酸化膜容量 $C_{OX}$ を用いて

$$K_0 = \frac{\mu C_{OX}}{2} \tag{1.6}$$

と表される．以下では，$K$ をトランスコンダクタンス係数，$K_0$ を単位トランスコンダクタンス係数と呼ぶことにする．

式 (1.4) から $V_{DS}$ の増加とともに $I_D$ も増加する，この領域のことを非飽和領域と呼ぶ．非飽和領域にある MOS トランジスタは，ゲートの電位によって値が変化する抵抗として用いられることがある．

### 1.5.2 飽和領域

非飽和領域の状態よりもさらに $V_{DS}$ が増加し

$$V_{DS} > V_{GS} - V_T \qquad (1.7)$$

となると，サブストレートの電位に対してドレインの電位がさらに高くなるため，ドレインとサブストレート間の空乏層が拡大する．この結果，図1.17に示すように，チャネルはドレインの手前でなくなる．チャネルを通ってきた電子は，チャネルを抜け出て空乏層に入る．この空乏層内においてはチャネル側よりもドレイン側のほうが電位が高く，この電位差により自由電子はドレインに引き寄せられる．$V_{DS}$ を大きくしてもその変化のほとんどが空乏層内の電位の変化に吸収され，チャネルに加わる電圧は一定となる．また，空乏層の幅も変わらなくなり，チャネルの長さも変化しない．チャネルは半導体であるから，長さに比例し，幅に反比例する抵抗分を持っている．式（1.7）の領域では，チャネルに加わる電圧が一定で，幅や長さも変化しないため，ドレイン電流も一定となる．この領域を飽和領域と呼ぶ．

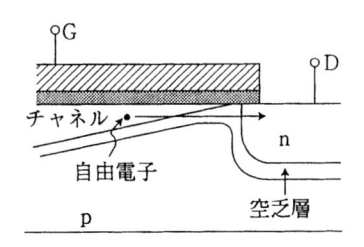

図 1.17 飽和領域におけるチャネルの様子

飽和領域においてドレイン電流 $I_D$ は $V_{GS}$ と $V_T$ および $K$ によって

$$I_D = K(V_{GS} - V_T)^2 \qquad (1.8)$$

となる．ただし，$K$ はトランスコンダクタンス係数であり，式（1.5）の $K$ と同じである．式（1.8）は2乗則と呼ばれ，MOSアナログ回路を設計するための最も基本となる式である．

たとえば，$V_T=0.8$ V，$K=200\,\mu\mathrm{S/V}^{\dagger}$と仮定して，式 (1.4) 並びに式 (1.8) から MOS トランジスタのドレイン電流 $I_D$ とドレイン-ソース間電圧 $V_{DS}$ の関係を図示すると図 1.18 となる．トランジスタが非飽和領域にあり，$V_{DS}$ が小さい間は $V_{DS}$ の増加とともにドレイン電流 $I_D$ も増加するが，$V_{DS}$ が十分大きな値となり，飽和領域に入ると $I_D$ が一定になっている．また，トランジスタが飽和領域にある場合のドレイン電流とゲート-ソース間電圧の関係は図 1.19 となる．

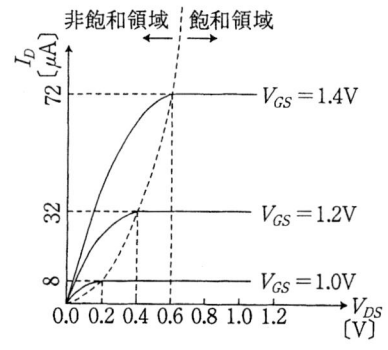

図 1.18　MOS トランジスタの $I_D$-$V_{DS}$ 特性

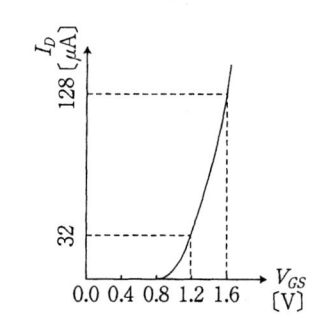

図 1.19　飽和領域における MOS トランジスタの $I_D$-$V_{GS}$ 特性

〔問 1.3〕　図 1.19 において $V_{GS}$ が 1.5 V の場合のドレイン電流はいくらか．

### 1.5.3　MOS トランジスタの 2 次的特性

増幅回路を構成する場合には，主として飽和領域にある MOS トランジスタを用いる．したがって，増幅回路の解析や設計を精度よく行うためには，飽和領域での MOS トランジスタの特性を正確に表さなければならず，2 乗則では不十分な場合がある．そこで，2 乗則よりも精度よく MOS トランジスタの特性を表すことについて考えてみよう．

---

† S（ジーメンスと読む）は抵抗の逆数であるコンダクタンスの単位である．すなわち，〔S〕＝〔$\Omega^{-1}$〕である．また，以下では s（小文字）を秒の単位として用い，S（大文字）とは区別する．

### （1） チャネル長変調効果

より正確に MOS トランジスタの特性を表すために，まず考えなければならないことは，$V_{DS}$ のチャネルへの影響である．$V_{DS}$ が大きくなっても $V_{DS}$ の変化はドレインとサブストレート間の空乏層内での電位変化に吸収されるため，ドレイン電流が一定となると述べたが，より厳密にはチャネルの長さをわずかではあるが変化させる．この結果ドレイン電流も変化する．これをチャネル長変調効果という．チャネル長変調効果を 2 乗則に取り入れるとドレイン電流 $I_D$ は

$$I_D = K(V_{GS} - V_T)^2 (1 + \lambda V_{DS}) \tag{1.9}$$

となる．ただし，$\lambda$ はチャネル長変調係数と呼ばれ，プロセスによって決まる正の定数である．

〔問 1.4〕 $\lambda = 0.02\,\mathrm{V}^{-1}$，$V_{DS} = 2.5\,\mathrm{V}$ の場合，問 1.3 のドレイン電流はどのような値となるか．

### （2） 基 板 効 果

次に考えなければならないことはソースと基板との間の電位差によるチャネルへの影響である．図 1.11 では，ソース端子と基板であるサブストレート端子を短絡していたが，一般には，n チャネルトランジスタのサブストレート端子を最も低い電位の節点に接続し，p チャネルトランジスタのサブストレート端子を最も高い電位の節点に接続しなければならない．これらの場合，ソース端子の電位がサブストレート端子の電位と異なる場合がある．チャネルはゲートと基板やウェルとに挟まれた領域であるから，ゲート–ソース間の電位差だけでなく，ソース–サブストレート間の電位差もチャネルの形成に影響を及ぼす．すなわち，たとえゲート–ソース間電圧 $V_{GS}$ が変わらなくても，ソース–サブストレート間電圧 $V_{SB}$ が変化することによりチャネルの形成に関わるしきい電圧 $V_T$ が変化する．$V_{SB}$ を考慮した場合の $V_T$ は

$$V_T = V_{T0} + \gamma \left( \sqrt{2\phi_f + V_{SB}} - \sqrt{2\phi_f} \right) \tag{1.10}$$

となることが知られている．ただし，$V_{T0}$ は $V_{SB}$ が零のときのしきい電圧であ

り，$\gamma$や$\phi_f$はプロセスによって決まる定数である．このようにソースとサブストレート間の電圧が変化することにより，しきい電圧が変わることを基板効果と呼ぶ．

〔問 1.5〕 $V_{T0}=0.8\,\mathrm{V}$, $\phi_f=0.3\,\mathrm{V}$, $V_{SB}=2.0\,\mathrm{V}$, $\gamma=0.4\,\mathrm{V}^{1/2}$ のときのしきい電圧 $V_T$ を求めよ．

## 1.6 MOSトランジスタの特性のまとめ

pチャネルMOSトランジスタにおける電圧や電流の向きを図1.20に示すように定める．動作原理に関してpチャネルトランジスタとnチャネルトランジスタとで異なる点は電気的極性が反対であることだけで，本質的な差はない．図1.20では，nチャネルMOSトランジスタと同じに，電圧や電流の向きを定めたため，実際の電流の向きとは逆になっている．このため，pチャネルMOSトランジスタの直流特性を表す式は，式（1.4）や式（1.9）のドレイン電流に負号を付けることにより得られる．また，式（1.9）に相当するpチャネルMOSトランジスタの式は，ドレイン電流に負号を付けるだけでなく，チャネル長変調係数$\lambda$の前にも負号を付けなければならない．

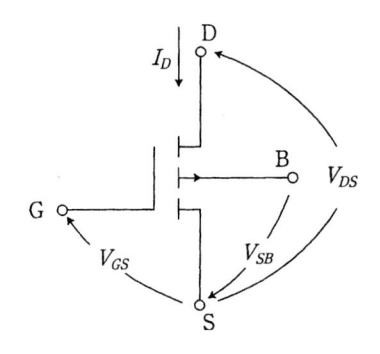

図 1.20 pチャネルMOSトランジスタの電圧・電流の向き

pチャネルトランジスタ，nチャネルトランジスタの直流特性を表す式をまとめて表1.1に示す．エンハンスメント型とディプリーション型の違いはpチャネルトランジスタ，nチャネルトランジスタのいずれの場合もしきい電圧$V_T$が正であるか負であるかの違いだけである．したがって，$V_T$の正，負を考慮すれば，表1.1はエンハンスメント型，ディプリーション型のどちらのトランジスタにも用いることができる．

表 1.1 MOSトランジスタの直流特性を表す式

| nチャネル MOSトランジスタ | pチャネル MOSトランジスタ |
|---|---|
| しきい電圧<br>$V_T = V_{T0} + \gamma (\sqrt{2\phi_f + V_{SB}} - \sqrt{2\phi_f})$<br>エンハンスメント型 $V_T > 0$<br>ディプリーション型 $V_T < 0$ | しきい電圧<br>$V_T = V_{T0} - \gamma (\sqrt{2|\phi_f| - V_{SB}} - \sqrt{2|\phi_f|})$<br>エンハンスメント型 $V_T < 0$<br>ディプリーション型 $V_T > 0$ |
| しゃ断領域 $(V_{GS} < V_T)$<br>$I_D = 0$ | しゃ断領域 $(V_{GS} > V_T)$<br>$I_D = 0$ |
| 非飽和領域 $(V_{DS} < V_{GS} - V_T,\ 0 < V_{GS} - V_T)$<br>$I_D = 2K\left(V_{GS} - V_T - \dfrac{V_{DS}}{2}\right)V_{DS}$ | 非飽和領域 $(V_{DS} > V_{GS} - V_T,\ 0 > V_{GS} - V_T)$<br>$I_D = -2K\left(V_{GS} - V_T - \dfrac{V_{DS}}{2}\right)V_{DS}$ |
| 飽和領域 $(V_{DS} > V_{GS} - V_T,\ 0 < V_{GS} - V_T)$<br>$I_D = K(V_{GS} - V_T)^2(1 + \lambda V_{DS})$ | 飽和領域 $(V_{DS} < V_{GS} - V_T,\ 0 > V_{GS} - V_T)$<br>$I_D = -K(V_{GS} - V_T)^2(1 - \lambda V_{DS})$ |

ただし，$K = K_0 \dfrac{W}{L}$，$K_0 = \dfrac{\mu C_{OX}}{2}$ である．

## 演 習 問 題

1.1 MOSトランジスタを非飽和領域で抵抗として用いる場合，信号により，ソースとドレインの電位が逆転することがあり，ソースとドレインを区別できない場合がある．このため，ドレインとソースを対等に扱い，非飽和領域のドレイン電流$I_D$を，ドレインの電位$V_D$，ソースの電位$V_S$，ゲートの電位$V_G$を用いて，$I_D = F(V_D, V_G) - F(V_S, V_G)$ と表す場合がある．ただし，関数$F(V_X, V_G)$は

$$F(V_X, V_G) = 2K\left(V_G - V_T - \frac{V_X}{2}\right)V_X$$

であり，$V_X$ は $V_D$ または $V_S$ である．$V_{GS}=V_G-V_S$，$V_{DS}=V_D-V_S$ であることを利用して，このドレイン電流の式が式（1.4）と等しいことを示せ．

**1.2** ドレイン電流が $50\,\mu\text{A}$ であった．このトランジスタのゲート-ソース間電圧を式（1.8）の2乗則を用いて求めよ．ただし，$V_T$ を $0.8\,\text{V}$，$K$ を $200\,\mu\text{S/V}$ とする．

**1.3** チャネル長変調効果を考慮すると図1.18はどのように変わるか，概略を示せ．

**1.4** 図1.E1の回路において $V_{B1}$，$V_{B2}$ を式（1.8）の2乗則を用いて求めよ．ただし，電源電圧 $V_{DD}$ を $5.0\,\text{V}$，しきい電圧 $V_T$ を $0.8\,\text{V}$，単位トランスコンダクタンス係数 $K_0$ を $20\,\mu\text{S/V}$ とし，各トランジスタのチャネル幅，チャネル長は表1.2 の通りとする．

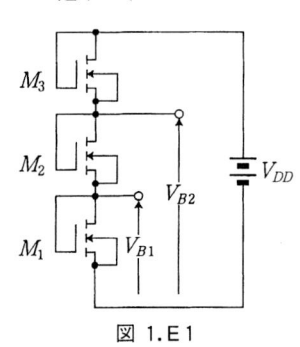

表 1.2　各トランジスタのチャネル幅とチャネル長

|  | チャネル幅 | チャネル長 |
|---|---|---|
| $M_1$ | $8.0\,\mu\text{m}$ | $2.0\,\mu\text{m}$ |
| $M_2$ | $2.0\,\mu\text{m}$ | $8.0\,\mu\text{m}$ |
| $M_3$ | $2.0\,\mu\text{m}$ | $32.0\,\mu\text{m}$ |

図 1.E1

**1.5** 図1.E2の回路において電流 $I_0$ を求めよ．ただし，$V_{DD}$ を $5.0\,\text{V}$ とし，n チャネルトランジスタ並びに p チャネルトランジスタの $V_T$ をそれぞれ $V_{TN}=0.8\,\text{V}$，$V_{TP}=-1.0\,\text{V}$，トランスコンダクタンス係数 $K$ をそれぞれ $K_N=200\,\mu\text{S/V}$，$K_P=10\,\mu\text{S/V}$ とする．また，チャネル長変調効果や基板効果は無視してよい．

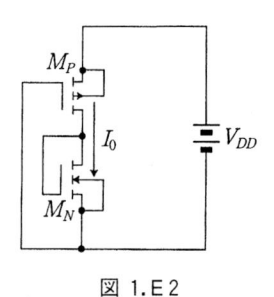

図 1.E2

演 習 問 題    *19*

1.6 図1.E3の回路において電圧 $V_{out}$ を式 (1.8) の2乗則を用いて求めよ．ただし，2個のトランジスタのトランスコンダクタンス係数 $K$ やしきい電圧 $V_T$ は等しいものとする．

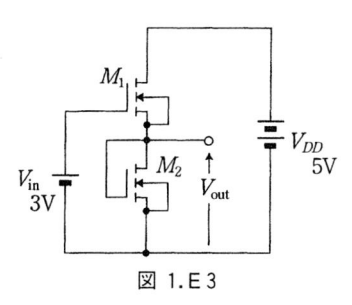

図 1.E 3

1.7 図1.E4の回路はCMOSペアと呼ばれている回路である．この回路においてnチャネルトランジスタ並びにpチャネルトランジスタは

$$I_{DN} = K_N(V_{GSN} - V_{TN})^2$$
$$I_{DP} = -K_P(V_{GSP} - V_{Tp})^2$$

という2乗則に従うものとする．このとき，端子①と②の間に加えられた電圧 $V_{GSeq}$ と端子③から④へ流れる電流 $I_{Deq}$ の間にも

$$I_{Deq} = K_{eq}(V_{GSeq} - V_{Teq})^2$$

と2乗則が成り立つ．$K_{eq}$ 並びに $V_{Teq}$ を求めよ．

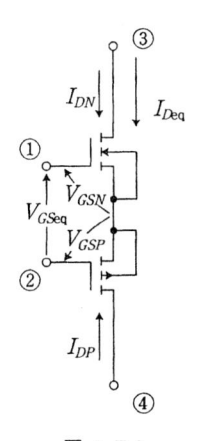

図 1.E 4

# 2 MOSトランジスタの増幅作用

前章において，MOSトランジスタの特性について述べた．本章では，前章で説明した2乗則などのMOSトランジスタの特性式に基づき，MOSトランジスタの増幅作用について説明する．

## 2.1 バイアスと信号成分

図2.1の回路はnチャネルMOSトランジスタと抵抗からなる回路である．この回路では，サブストレートとソースが短絡されているため，基板効果は生じない．図2.1の回路において，電源電圧$V_{DD}$を10V，MOSトランジスタのしきい電圧$V_T$を0.8V，トランスコンダクタンス係数$K$を$200\,\mu\mathrm{S/V}$，抵抗$R_L$を$100\,\mathrm{k\Omega}$とする．

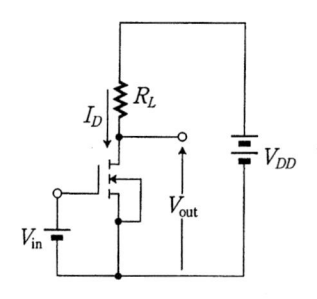

図 2.1 MOSトランジスタを用いた増幅回路

まず，ゲート電位$V_\mathrm{in}$を零から増大していくと，しきい電圧である0.8Vを越えたところで，ドレイン電流が流れ始める．ドレイン電流が流れると抵抗による電圧降下が生じるので，出力電圧となるドレインの電位$V_\mathrm{out}$は

## 2.1 バイアスと信号成分

$$V_{out} = V_{DD} - R_L I_D \tag{2.1}$$

となる．図 2.1 の回路では，MOS トランジスタのドレイン-ソース間電圧が $V_{out}$ であり，ゲート-ソース間電圧が $V_{in}$ であるので，式 (1.7) から

$$V_{out} > V_{in} - V_T \tag{2.2}$$

を満足する範囲では，トランジスタは飽和領域で動作している．ここでは簡単のためドレイン電流が式 (1.8) の 2 乗則に従うとすると，$I_D$ は

$$I_D = K(V_{in} - V_T)^2 \tag{2.3}$$

となる．たとえば $V_{in}$ が 1.3 V のとき $I_D$ は，上述の $K$ や $V_T$ の値から

$$I_D = 50\,\mu\mathrm{A} \tag{2.4}$$

と求められ，式 (2.1) から出力電圧 $V_{out}$ は

$$V_{out} = 5.0\,\mathrm{V} \tag{2.5}$$

となる．

ここで，ゲート電位 $V_{in}$ が 1.3 V から 0.01 V 変化し，1.31 V になったとしよう．この場合，式 (2.3) から $I_D$ は

$$I_D \fallingdotseq 52\,\mu\mathrm{A} \tag{2.6}$$

となり，また式 (2.1) から $V_{out}$ は

$$V_{out} = 4.8\,\mathrm{V} \tag{2.7}$$

となる．式 (2.7) や式 (2.5) においても式 (2.2) を満足しており，トランジスタが飽和領域で動作していると仮定したことに矛盾がないことがわかる．もし式 (2.2) が満足されない場合は，トランジスタは非飽和領域にあるので，新たに式 (1.4) を用いて計算し直さなければならない．

一般には，信号として，電圧や電流そのものではなく，電圧や電流の変化分とする場合が多い．すなわち，入力電圧の変化分 $\Delta V_{in}$ を入力信号，出力電圧の変化分 $\Delta V_{out}$ を出力信号とする．増幅とは，出力信号と入力信号との比と定義される．したがって，電圧増幅度 $A_V$ を

$$A_V = \frac{\Delta V_{out}}{\Delta V_{in}} \tag{2.8}$$

と定義することができる．

図 2.1 の回路において，入力信号をゲート電位の変化分とし，ゲート電位 $V_{in}$ が 1.3 V から 1.31 V になったとすれば，$\Delta V_{in}$ は 0.01 V となる．一方，出力端子であるドレインの電位は 5.0 V から 4.8 V に下がるので，$\Delta V_{out}$ は $-0.2$ V となる．したがって，図 2.1 の回路の場合 $A_V$ は

$$A_V = -20 \text{ 倍} \tag{2.9}$$

となる．負号は，入力端子の電位が上昇した場合には出力端子の電位が下がり，入力端子の電位が下がった場合には出力端子の電位が上昇するというように，入力端子の電位と出力端子の電位が逆の動きをすることを表している．

今まで述べてきたことをグラフを使って考えてみよう．式 (2.1) から $I_D$ は

$$I_D = -\frac{1}{R_L} V_{out} + \frac{V_{DD}}{R_L} \tag{2.10}$$

となる．MOS トランジスタが式 (2.3) の 2 乗則に従うと仮定し得られる，横軸を $V_{DS}$ すなわち $V_{out}$，縦軸を $I_D$ とした $I_D$-$V_{DS}$ 特性上に，式 (2.10) を描くと図 2.2 の直線 $L$ となる．この直線 $L$ のことを一般に負荷線と呼ぶ．負荷線 $L$ と，$V_{in}$ すなわち $V_{GS}$ が 1.3 V の曲線の交点 Q が，式 (2.5) の $V_{out}$ となる．交点 Q のような変化の中心をバイアス点と呼び，バイアス点を定めることをバイアス設計という．$V_{GS}$ が 1.31 V になっても式 (2.10) を満たさなければなら

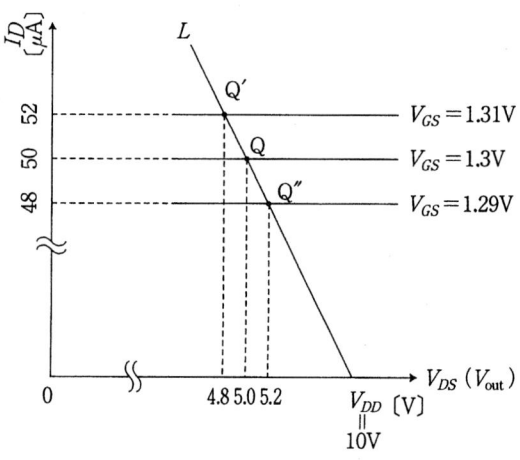

図 2.2 負荷線とバイアス点（1）

ないので，電圧，電流は点 Q から点 Q′ に移る．したがって，ドレイン電流 $I_D$ は，50 μA から 52 μA へ変化することになる．$V_{GS}$ が小さくなっても全く同様で，たとえば，$V_{GS}$ が 1.29 V になれば，点 Q から点 Q″ に移る．このように，$I_D$ と $V_{out}$ は必ず式 (2.10) を満たす負荷線 L 上にある．

図 2.2 ではバイアス点 Q は飽和領域にあり，トランジスタが飽和領域で動作していることがわかる．では，トランジスタが非飽和領域で動作している場合はどうなるであろうか．たとえば抵抗 $R_L$ を 200 kΩ としてみよう．この場合の負荷線と MOS トランジスタの特性をグラフ上に表すと図 2.3 となる．$V_{GS}$ が 1.3 V のとき，トランジスタは非飽和領域にあることがわかる．このとき，$V_{GS}$ を 1.3 V から 1.4 V に変化させてみよう．$V_{GS}$ を 0.1 V 変化させてもドレイン電流は 1 μA 程度しか変化しない．このように，$V_{GS}$ を変化させても $I_D$ の変化は飽和領域にある場合と比較して小さいため，増幅回路を実現する場合，一般にはトランジスタを飽和領域で用いる．

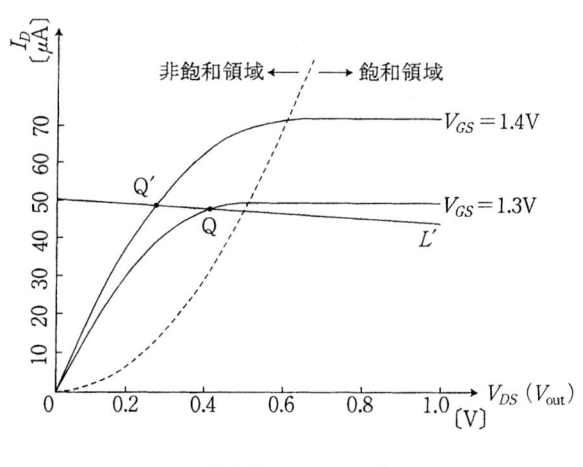

図 2.3 負荷線とバイアス点（2）

〔問 2.1〕 図 2.1 の回路において抵抗 $R_L$ を 50 kΩ とすると，$V_{in}$ が 1.3 V から 1.31 V に変化した場合の増幅度はいくらになるか．

〔問 2.2〕 非飽和領域のドレイン電流の式に基づき，図2.3において $V_{GS}$ が 1.3Vと1.4Vのときの $V_{out}$ を求め，この結果から1.3Vから1.4V に変化した場合の電圧増幅度を計算せよ．

## 2.2 直線近似による小信号解析

　前節で示したように増幅回路の解析は2乗則などのMOSトランジスタの特性を表す式を用いて，まず最初にバイアスの解析を行い，次に与えられた入力信号の大きさから出力の変化分を計算すればよい．しかし，入力信号の大きさを変えるたびに出力の変化分を計算し直していたのでは非常に効率が悪い．

　今，ゲート－ソース間バイアスが $V_Q$，ドレインバイアス電流が $I_Q$ であるトランジスタについて考えてみよう．このトランジスタの $I_D$-$V_{GS}$ 特性を図2.4の曲線 $L_1$ とする．図2.4において点 Q がバイアス点である．このトランジスタのゲート－ソース間に信号電圧が加わり，$V_{GS}$ が $V_Q$ からわずかに変化したとしよう．実際にはトランジスタのゲート－ソース間電圧とドレイン電流は曲線 $L_1$ 上になければならないので，A点とB点の間を動く．しかし，バイアス点 Q でこの曲線を直線 $L_2$ で近似し，この直線 $L_2$ 上をゲート－ソース間電圧とドレイン電流が変化すると仮定しても，Q点からの変化がわずかであれば，$v_{error}$ や $i_{error}$ は無視できるほど小さくなり，A点とA′点，B点とB′点がほぼ重なる．このように，曲線を直線に近似しても信号が十分小さいならば，その誤差を無視することができる．すなわち，MOSトランジスタの電圧・電流特性は2乗則などで表されるため，一般には直線的な特性ではないが，信号の大きさがごく小さい間は直線的に変化すると近似することができる．

　曲線を直線に近似するということは，バイアス点での曲線の傾きを求めることに他ならない．たとえばMOSトランジスタの特性が2乗則に従うと仮定すると，図2.1の回路で $V_{in}=1.3$ V におけるドレイン電流の傾き $g_m$ は

## 2.2 直線近似による小信号解析

$$g_m = \left.\frac{\partial I_D}{\partial V_{in}}\right|_{V_{in}=1.3\text{V}} = 2K(V_{in}-V_T)\Big|_{V_{in}=1.3\text{V}} = 200\,\mu\text{S} \quad (2.11)$$

となり，この $g_m$ を用いるとドレイン電流 $I_D$ は

$$I_D = I_Q + g_m \Delta V_{in} \quad (2.12)$$

と表される．ただし，$I_Q$ は $V_{in}=1.3\,\text{V}$ におけるドレインバイアス電流であり，$\Delta V_{in}$ はゲート-ソース間に加わった入力信号である．また，$\Delta V_{in}$ はトランジスタの特性を直線近似できるほど十分に小さいとする．

この $\Delta V_{in}$ に対して，式 (2.12) からドレイン電流の変化分 $\Delta I_D$ は

$$\Delta I_D = I_D - I_Q = g_m \Delta V_{in} \quad (2.13)$$

となる．図 2.1 では，この $\Delta I_D$ が抵抗を流れる信号電流であるから，出力電圧の変化分 $\Delta V_{out}$ は

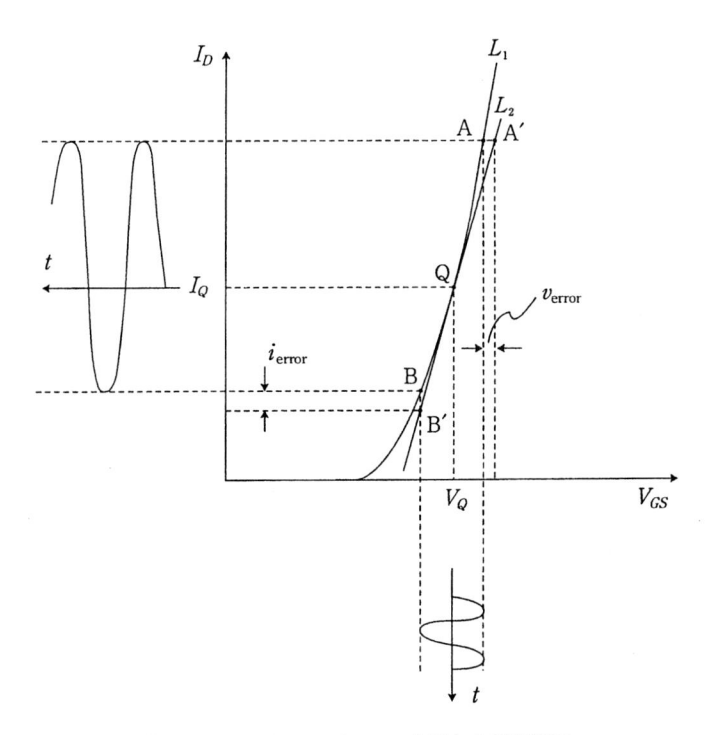

図 2.4 MOS トランジスタの特性と小信号近似

$$\Delta V_{\text{out}} = -R_L \Delta I_D = -R_L g_m \Delta V_{\text{in}} \tag{2.14}$$

となり，$R_L$ が $100\,\text{k}\Omega$ のときの電圧増幅度を

$$A_V = -g_m R_L = -20\text{ 倍} \tag{2.15}$$

と求めることができる．

---

〔問 2.3〕 図 2.1 の回路で $V_{\text{in}}$ が $1.4\,\text{V}$ の場合，$g_m$ はいくらか．

## 2.3 MOS トランジスタの小信号等価回路

図 2.4 からわかるように，トランジスタのバイアス点 Q の位置によって，近似した直線の傾きが変化する．すなわち，ドレイン電流の傾きである $g_m$ が変化することになる．$g_m$ だけでなく，バイアス点が変わると直線近似から求めたトランジスタの特性を表すパラメータはすべて変わるので，増幅度を求めるためにはまずバイアスの解析をしなければならない．バイアスを解析するためには 2 乗則などの MOS トランジスタの直流特性を表す式などが用いられる．次に，求められたバイアス状態で MOS トランジスタの特性を直線近似する．本節では，この手法を一般化し，信号が十分小さい，いわゆる小信号に対する MOS トランジスタの特性を表す等価回路を導く．

一般にドレイン電流 $I_D$ はゲート-ソース間電圧 $V_{GS}$ とドレイン-ソース間電圧 $V_{DS}$，ソース-サブストレート間電圧 $V_{SB}$ を変数とした関数であるので

$$I_D = f(V_{GS}, V_{DS}, V_{SB}) \tag{2.16}$$

と表すことができる．ただし，関数 $f$ は 2 乗則やチャネル長変調効果を含んだ式 (1.9) などを一般的に表している．

小信号とは，あるバイアス状態からの小さな変化である．今，$V_{GS}$ や $V_{DS}$，$V_{SB}$ の値がそれぞれ $V_{GSQ}, V_{DSQ}, V_{SBQ}$ であるバイアス状態を考えよう．このバイアスからの変化分を $\Delta V_{GS}$，$\Delta V_{DS}$，$\Delta V_{SB}$ とし，これらの値は十分小さいものとする．このとき，$I_D$ の変化分である $\Delta I_D$ は，変数 $V_{GS}$ や $V_{DS}, V_{SB}$ に関する関数 $f$ の傾き，すなわち微分を用いて

$$\Delta I_D = g_m \Delta V_{GS} + \frac{1}{r_d} \Delta V_{DS} + g_{mb} \Delta V_{SB} \tag{2.17}$$

と近似することができる．ただし，$g_m, r_d, g_{mb}$ は

$$g_m = \left.\frac{\partial f}{\partial V_{GS}}\right|_{V_{GS}=V_{GSQ}} \tag{2.18}$$

$$r_d = \frac{1}{\left.\dfrac{\partial f}{\partial V_{GS}}\right|_{V_{DS}=V_{DSQ}}} \tag{2.19}$$

$$g_{mb} = \left.\frac{\partial f}{\partial V_{SB}}\right|_{V_{SB}=V_{SBQ}} \tag{2.20}$$

である．一般に $g_m$ は伝達コンダクタンス，$r_d$ はドレイン抵抗，$g_{mb}$ は基板効果伝達コンダクタンスと呼ばれている．

　一方，ソース電流はドレイン電流に等しく，ゲート電流や基板に流れ込む電流は常に零であるからそれらの変化分も零となる．したがって，ゲートや基板には小信号電流は流れないので，トランジスタの特性としては式 (2.17) に示されるドレイン電流の小信号成分だけを考えればよい．

　まず，式 (2.17) の右辺第 1 項について考えてみよう．第 1 項はゲート-ソース間電圧の変化が $g_m$ 倍されてドレイン電流の小信号成分の一部となっていることを表している．さらに，ゲートには電流が流れ込まないので，図 2.5 に示す電圧制御電流源と等価であることがわかる．第 3 項もソース-サブストレート間電圧の変化が $g_{mb}$ 倍されてドレイン電流の一部となり，また，ゲートと同様にサブストレート端子にも電流は流れ込まないことから，第 3 項も電圧制御電流源で表すことができる．

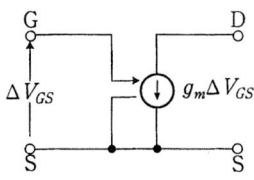

図 2.5　式 (2.17) 右辺第 1 項の等価回路

第2項の場合はドレイン-ソース間の電圧の変化がドレイン-ソース間を流れる電流の変化となっていることを表している．このことから第2項は，図2.6に示すように，$r_d$ という値の抵抗と同じ働きをしていることがわかる．

図 2.6　式 (2.17) 右辺第2項の等価回路

以上をまとめると，図2.7に示すMOSトランジスタの小信号等価回路が得られる．ただし，図2.7においては，$\Delta V_{GS}$ や $\Delta V_{DS}$，$\Delta V_{SB}$ をそれぞれ $v_{gs}$, $v_{ds}$, $v_{sb}$ としている．一般に小信号は小文字で，直流信号などの大信号は大文字で表す．特に断らない限り，以降ではこの記述に従う．

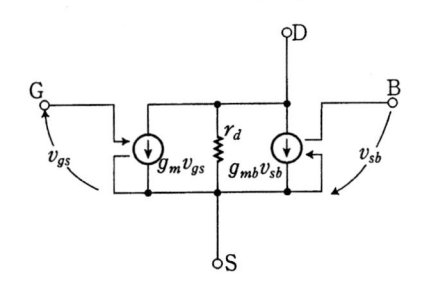

図 2.7　MOSトランジスタの小信号等価回路

たとえば，チャネル長変調効果を考慮した式 (1.9) に基づき，具体的に $g_m$，$r_d$，$g_{mb}$ を求めてみよう．$g_m$ や $r_d$ は式 (1.9) をそれぞれ $V_{GS}$ や $V_{DS}$ で微分すれば求めることができ，

$$g_m = 2K(V_{GS}-V_T)(1+\lambda V_{DS}) \tag{2.21}$$

$$r_d = \frac{1}{\lambda K(V_{GS}-V_T)^2} \tag{2.22}$$

となる．また，式 (1.9) には $V_{SB}$ は含まれていないが，式 (1.10) で表され

るように，$V_T$ の中に含まれる $V_{SB}$ を考慮すれば，式 (1.9) の $V_{SB}$ に関する微分，すなわち $g_{mb}$ は

$$g_{mb} = \frac{\partial I_D}{\partial V_{SB}} = \frac{\partial I_D}{\partial V_T} \cdot \frac{\partial V_T}{\partial V_{SB}} = -\frac{\gamma K (V_{GS} - V_T)(1 + \lambda V_{DS})}{\sqrt{2\phi_f + V_{SB}}}$$

(2.23)

となる．

〔問 2.4〕 ソース端子とサブストレート端子が短絡され，$V_T$ が 0.8 V と一定で，$V_{GS} = 1.3$ V, $V_{DS} = 5.0$ V, $K = 200\,\mu$S/V, $\lambda = 0.02$ V$^{-1}$ の場合，図 2.7 の各素子の値を求めよ．

## 2.4 MOSトランジスタの高周波等価回路

MOS トランジスタのソースと基板は，逆バイアスされた pn 接合により電気的に分離されている．ソースと基板はどちらも半導体，すなわち一種の導体であるので，導体が空乏層を挟んで向かい合った形となるため，容量を形成する．また，ゲートとソース，ゲートとドレインの間も金属と半導体が絶縁体を挟んで向かい合った形となっている部分があり，これが容量となる．このようにMOS トランジスタの端子間には寄生の容量が存在する．

高い周波数の信号を扱う場合には，トランジスタに付随するこれらの寄生容量も考慮しなければならない場合がある．各端子間の寄生容量を考慮した MOSトランジスタの高周波小信号等価回路を図 2.8 に示す．ただし，電圧制御電流源を制御している電圧は明らかであるので図 2.8 では制御端子を省略している．また，式 (2.23) からわかるように，一般に $g_{mb}$ は負であるので，電流源の向きを逆にし，$g_{mb}$ の絶対値を用いて基板効果を表している．

さらに精度よく小信号解析を行うためには，配線の抵抗分やインダクタンス分等も考慮に入れなければならない．しかし，これらの影響に関する解析は高度な専門領域に入るのでここでは触れないことにする．

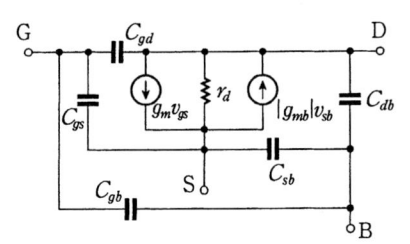

図 2.8 MOSトランジスタの高周波等価回路

## 2.5 直流電圧源並びに直流電流源の小信号等価回路

MOSトランジスタを適切にバイアスするためには，直流電圧源や直流電流源が不可欠である．また，これらの小信号特性がわからなければ，増幅回路の小信号特性を解析することもできない．そこで，これら直流電源の小信号特性について考えてみよう．

直流電圧源とは，直流電圧が常にある決まった一定値である電源のことである．また，直流電圧源の電流は，その値が周辺の回路の状態に応じて決まる．電流の値が周辺の状態に応じて決まることを「電流の値が任意である」という．直流電圧源は直流電圧の値を一定に保つ電源であるから，その両端に交流電圧は発生しない．すなわち，交流電圧は零である．交流電流については，直流電流同様に任意である．これらのことをまとめると表2.1となる．小信号は交流信号の一種であるから，表2.1の交流の欄について考えればよい．すなわち，直流電圧源は，小信号を含む交流信号に対して電圧を発生せず，電流値は任意となる．このことは直流電圧源が交流信号に対しては短絡と等価であることを示している．

一方，直流電流源は直流電流値のみが定まっている電源であり，電圧は直流，交流を問わず任意であり，交流電流は零である．このことを表2.2に示す．表2.2の交流の欄から，直流電流源は交流信号に対して開放となることがわかる．

表 2.1　直流電圧源の性質

|  | 直流 | 交流 |
|---|---|---|
| 電圧 | 一定 | 零 |
| 電流 | 任意 | 任意 |

表 2.2　直流電流源の性質

|  | 直流 | 交流 |
|---|---|---|
| 電圧 | 任意 | 任意 |
| 電流 | 一定 | 零 |

## 2.6　小信号等価回路による解析

今まで述べてきたことのまとめとして，図 2.1 の増幅回路を MOS トランジスタの小信号等価回路を用いてもう一度解析してみよう．図 2.1 の回路を改めて図 2.9 に示す．

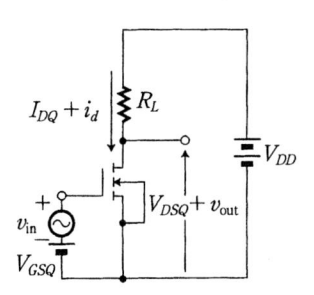

図 2.9　MOS トランジスタによる増幅回路

図 2.9 において $v_{in}$ が入力電圧である．$v_{in}$ が零，すわなち，ゲート-ソース間電圧が $V_{GSQ}$ である無信号時には，ドレイン電流 $I_{DQ}$ が流れ，ドレイン-ソース間電圧が $V_{DSQ}$ となる．また，$i_d$ や $v_{out}$ はこのバイアス状態からの変化分を表しており，$v_{out}$ が出力電圧である．

図2.9において直流電圧源 $V_{GSQ}$ や $V_{DD}$ を短絡し，MOS トランジスタをその小信号等価回路で置き換えれば図2.9の増幅回路の小信号等価回路が得られる．MOS トランジスタの特性が2乗則に従うとすれば，式 (1.8) に示したように $I_D$ は $V_{DS}$ には無関係であるから，$r_d$ は無限大となる．また，ソースとサブストレートが短絡されているので基板効果も生じず，$g_{mb}$ は零となる．したがって，図2.7において抵抗 $r_d$ と電圧制御電流源 $g_{mb}v_{sb}$ を取り去る．また，$g_m$ は式 (1.8) を $V_{GS}$ で微分すればよいので，

$$g_m = 2K(V_{GS} - V_T) \tag{2.24}$$

となり，$V_{GS}$ が 1.3 V，$K$ が 200 μS/V，$V_T$ が 0.8 V のとき，$g_m$ は 200 μS となる．図2.10に増幅回路の小信号等価回路を示す．

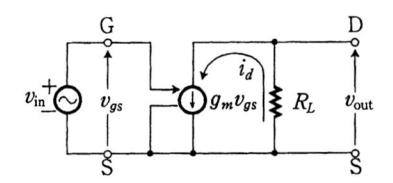

図 2.10　図 2.9 の小信号等価回路

図2.10の回路において $v_\text{in}$ と $v_{gs}$ は等しいので電圧制御電流源の出力電流 $i_d$ は

$$i_d = g_m v_\text{in} \tag{2.25}$$

となる．さらに，この $i_d$ が抵抗 $R_L$ に流れることによって生じる電圧が $v_\text{out}$ であるから，$v_\text{out}$ は

$$v_\text{out} = -R_L i_d \tag{2.26}$$

となる．ただし，$v_\text{out}$ はドレイン端子側が正となるように方向を定めたため，$i_d$ によって生じる電圧の向きと $v_\text{out}$ の向きが異なる．したがって，式 (2.26) には負号が付いている．

式 (2.24)〜式 (2.26) から $R_L$ が 100 kΩ のとき電圧増幅度 $A_V$ は

$$A_V = \frac{v_\text{out}}{v_\text{in}} = -g_m R_L = -20 \text{ 倍} \tag{2.27}$$

〔問 2.5〕 図 2.9 において $V_{GSQ}$ が 1.0 V の場合，電圧増幅度 $A_V$ はいくらか．

## 演 習 問 題

2.1 図 2.E1 において $V$ および $I$ はバイアス電圧並びにバイアス電流を，$v$ および $i$ は小信号電圧並びに小信号電流を表している．MOS トランジスタの単位コンダクタンス係数 $K_0$ を $50\,\mu\mathrm{S/V}$，しきい電圧 $V_T$ を 0.8 V とし，2乗則が成り立つと仮定するとき

 (1) トランジスタ $M_1$ のチャネル幅 $W$ を $2\,\mu\mathrm{m}$ とした場合，$V = 2.0\,\mathrm{V}$，$I = 20\,\mu\mathrm{A}$ となるようにチャネル長 $L$ を定めよ．
 (2) (1) の $W$ と $L$ を用いて図 2.E1 の小信号等価回路を求め，インピーダンス $v/i$ を計算せよ．

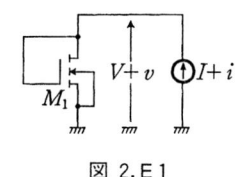

図 2.E1

2.2 図 2.E2 は図 2.E1 の回路を応用した回路である．図 2.E1 と同じトランジスタを図 2.E2 の $M_1$ として用いる．以下の問に答えよ．ただし，$V_{DD}$ を 5 V，$V_{GG}$ を 1.0 V とし，2乗則が成り立つものとする．

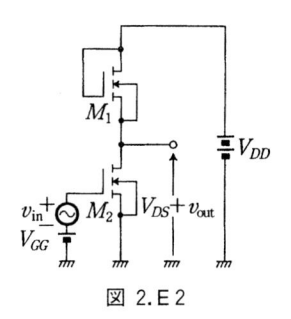

図 2.E2

(1) トランジスタ $M_2$ のチャネル長 $L$ を $2\,\mu\text{m}$ とし，$I_D$ が $20\,\mu\text{A}$ となるようにチャネル幅 $W$ を定めよ．ただし，$K_0$ や $V_T$ は 2.1 と同じとする．

(2) (1) で定めた $W$ と $L$ から図 2.E 2 の小信号等価回路を求め，電圧増幅度 $A_V = \dfrac{v_\text{out}}{v_\text{in}}$ を計算せよ．

2.3 図 2.E 3 の回路において MOS トランジスタの単位コンダクタンス係数 $K_0$ を $40\,\mu\text{S/V}$，しきい電圧を $0.8\,\text{V}$ とする．以下の問に答えよ．ただし，チャネル長変調効果は無視してよい．

(1) チャネル幅 $W$ が $10\,\mu\text{m}$，チャネル長 $L$ が $2\,\mu\text{m}$ の場合，電圧増幅度 $A_V = \dfrac{v_\text{out}}{v_\text{in}}$ を求めよ．

(2) チャネル幅 $W$ が $15\,\mu\text{m}$，チャネル長 $L$ が $2\,\mu\text{m}$ の場合，電圧増幅度 $A_V = \dfrac{v_\text{out}}{v_\text{in}}$ を求めよ．

(3) チャネル幅 $W$ が $20\,\mu\text{m}$，チャネル長 $L$ が $2\,\mu\text{m}$ の場合，どのようなことが起こるか．

(4) (1)〜(3) の結果からどのようなことがわかるか．

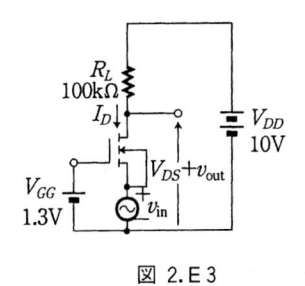

図 2.E 3

2.4 図 2.E 4 の回路において MOS トランジスタの単位トランスコンダクタンス係数 $K_0$ を $40\,\mu\text{S/V}$，しきい電圧を $0.8\,\text{V}$ とする．以下の問に答えよ．ただし，チャネル長変調効果は無視してよい．

(1) チャネル幅 $W$ が $10\,\mu\text{m}$，チャネル長 $L$ が $2\,\mu\text{m}$ の場合，電圧増幅度 $A_V = \dfrac{v_\text{out}}{v_\text{in}}$ を求めよ．

図 2.E 4

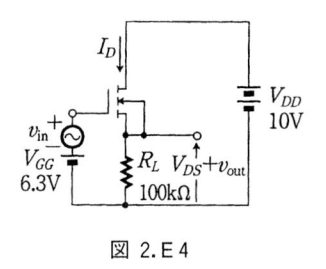

(2) チャネル幅 $W$ が $20\mu$m, チャネル長 $L$ が $2\mu$m の場合, 電圧増幅度 $A_V = \dfrac{v_\text{out}}{v_\text{in}}$ を求めよ.

(3) (1)〜(2) の結果からどのようなことがわかるか.

2.5 図 2.9 の増幅回路において, $V_{DD}$, $V_{GSQ}$, $K$, $V_T$, $R_L$ をそれぞれ 10 V, 1.3 V, 200 $\mu$S/V, 0.8 V, 100 kΩ とする. 以下の問に答えよ. ただし, 飽和領域においては 2 乗則が成り立つものとし, チャネル長変調効果は無視してよい.

(1) $v_\text{in}$ として
$$v_\text{in} = V_M \sin(2\pi ft)$$
という正弦波を入力した. ただし, 振幅 $V_M$ は 0.01 V, 周波数 $f$ は 1 kHz とする. この場合のドレイン−ソース間電圧 $V_{DSQ} + v_\text{out}$ の時間的変化を図示せよ.

(2) 増幅が可能な $v_\text{in}$ の最大振幅を求めよ. ただし, $v_\text{in}$ の振幅が大きくなっても小信号等価回路が成り立ち, さらに, トランジスタが非飽和領域やしゃ断領域に入ると増幅作用がなくなるものとする.

2.6 図 2.9 を用いて電圧増幅度が −20 倍の増幅回路を実現する. $V_{DD}$, $V_T$, $R_L$ がそれぞれ 5 V, 0.8 V, 50 kΩ の場合に, 増幅が可能な入力電圧 $v_\text{in}$ の振幅が最大となるように $V_{GSQ}$ 並びにトランジスタのトランスコンダクタンス係数 $K$ を定めよ. また, そのときの最大入力振幅はいくらか. ただし, $v_\text{in}$ の振幅が大きくなっても小信号等価回路が成り立ち, トランジスタが非飽和領域やしゃ断領域に入ると増幅作用がなくなるものとする. また, 飽和領域においては 2 乗則が成り立つものとし, チャネル長変調効果は無視してよい.

# 3 基本増幅回路の小信号特性

複雑な増幅回路もいくつかの基本増幅回路の組合せによって実現されている.本章では,各種の基本増幅回路の動作について説明する.また,本章の説明では,MOSトランジスタはすべて飽和領域で動作するようにバイアスされているものとし,直流特性としてチャネル長変調効果を考慮した式 (1.9) を用いる.ただし,簡単のため,サブストレート端子をソース端子に接続し,基板効果は考えないものとする.

## 3.1 増幅回路の諸特性

基本増幅回路の解析を行う前に,増幅回路の特徴を表す諸特性について述べる.

図 3.1 は,小信号に関して増幅回路を模式的に表した図である.図 3.1 に示される入出力電圧 $v_\text{in}$ や $v_\text{out}$,入出力電流 $i_\text{in}$ や $i_\text{out}$ により,増幅回路が持っている特徴を表すことができる.増幅回路の特徴を表す諸特性の定義を以下に示す.

(1) 入力インピーダンス $Z_\text{in}$ : $Z_\text{in} = \dfrac{v_\text{in}}{i_\text{in}}$  (3.1)

(2) 電圧利得 $A_v$ : $A_v = \dfrac{v_\text{out}}{v_\text{in}}$  (3.2)

(3) 電流利得 $A_i$ : $A_i = \dfrac{i_\text{out}}{i_\text{in}}$  (3.3)

(4) 電力利得 $A_p$ : $A_p = \dfrac{v_\text{out} i_\text{out}}{v_\text{in} i_\text{in}}$  (3.4)

（5）出力インピーダンス $Z_{\text{out}}$ : $Z_{\text{out}} = \dfrac{v_{\text{out}}}{i_{\text{out}}'}\bigg|_{v_{\text{in}}=0}$ (3.5)

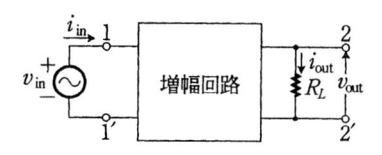

図 3.1 増幅回路の模式図

　入力インピーダンスとは，増幅回路の入力電圧と入力電流との関係を表す量である．どんなに複雑な回路構造を持つ増幅回路でも，入力端子から見込んだ回路はこの入力インピーダンスと全く等価な働きをしている．すなわち，増幅回路の内部ではなく，増幅回路の入力端子に加わる電圧や入力端子に流れ込む電流だけを求めたい場合は，増幅回路そのものを用いて解析するのではなく，増幅回路をその入力インピーダンスに置き換えて解析すれば十分である．この点については基本増幅回路の縦続接続のところで再度説明する．

　電圧利得や電流利得は増幅回路の増幅作用を表す量である．第 2 章で述べた増幅度と同じである．

　また，電力利得 $A_p$ は

$$A_p = \dfrac{v_{\text{out}}}{v_{\text{in}}} \cdot \dfrac{i_{\text{out}}}{i_{\text{in}}} = A_v A_i \tag{3.6}$$

と表すことができるので，電圧利得と電流利得から容易に求められる量である．

　出力インピーダンスも，入力インピーダンスと同様に，増幅回路の出力電圧と出力電流の関係を表す量である．しかし，入力インピーダンスの場合と異なる点は，入力電圧の値によって出力電圧や出力電流が変化することである．このため，図 3.2 のように，入力電圧を零とした状態で出力に電圧 $v_{\text{out}}$ を加え，これにより流れる電流 $i_{\text{out}}'$ との比で出力インピーダンスを定義する．また，出力インピーダンスを求める場合の出力電流 $i_{\text{out}}'$ の向きを，入力インピーダンスと同じように，出力端子に流れ込む向きとしている．

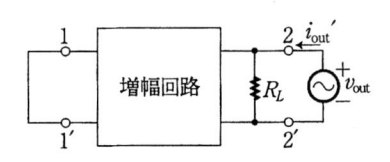

図 3.2 出力インピーダンスの求め方

## 3.2 トランジスタ1個を用いた増幅回路

一般にはMOSトランジスタのサブストレート端子は，ドレインやソースを基板から電気的に分離するため最も電位の低い節点に接続され，サブストレート端子に信号を加えることはない．このため，最も簡単な増幅回路の構成として，ソース，ドレイン，ゲート端子のいずれかを接地し，残りの端子を入力端子または出力端子とした回路がある．これらにはソースを接地した回路，ドレインを接地した回路，ゲートを接地した回路の3種類がある．これらを基本増幅回路と呼び，以下では，前節の諸特性を用いてそれぞれの基本増幅回路の特徴について述べる．

### 3.2.1 ソース接地増幅回路

図3.3にソース接地増幅回路を示す．この回路は前章で用いた図2.9の回路と全く同一の回路である．また，図3.3においてドレイン-ソース間の電圧を小文字で「$v_{\mathrm{out}}$」と記述しているのはバイアス成分（直流分）を除き，信号成分のみを出力電圧として取り出すことを意味する．以下の説明でも特に混乱のない限り，この記述に従う．

チャネル長変調効果を考慮した場合の図3.3の小信号等価回路は図3.4となる．まず，入力インピーダンス$Z_{\mathrm{in}}$は，ゲート端子には電流が流れ込まず，入力電流$i_{\mathrm{in}}$が常に零であるので，式 (3.1) から

$$Z_{\mathrm{in}} = \infty \tag{3.7}$$

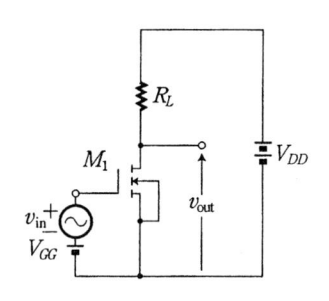

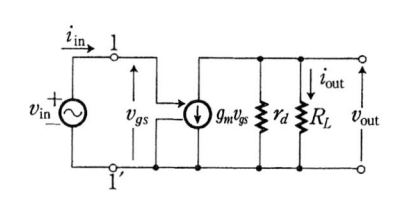

図 3.3　ソース接地増幅回路　　図 3.4　図 3.3 の小信号等価回路

となる．

次に電圧利得 $A_v$ は，図 3.4 と図 2.10 の比較から，負荷抵抗が $R_L$ から $R_L$ と $r_d$ の並列抵抗に置き換わっただけであるので

$$A_v = -g_m(r_d // R_L) = -\frac{g_m r_d R_L}{r_d + R_L} \tag{3.8}$$

となる．

また，電流利得 $A_i$ は，これも入力電流 $i_{in}$ が零であるため，式 (3.3) から

$$A_i = \infty \tag{3.9}$$

となる．この結果から電力利得 $A_p$ も無限大であることがわかる．

最後に，出力インピーダンス $Z_{out}$ を求めるために，図 3.4 の回路において $v_{in}$ を零とし，出力端子に電圧源 $v_{out}$ を付加した図 3.5 の回路を解析する．図 3.5 では常に $v_{in}$ が零であり，$v_{in}$ と $v_{gs}$ は等しいので，電流源 $g_m v_{gs}$ も零となる．したがって，電流源 $g_m v_{gs}$ を取り去ることができ，図 3.5 の回路を出力端子から見ると単に $r_d$ と $R_L$ からなる並列抵抗となるので，出力インピーダンス $Z_{out}$ は

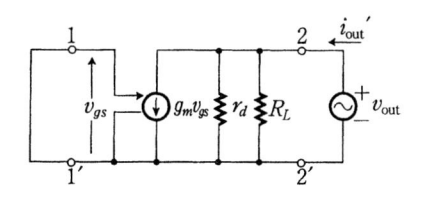

図 3.5　図 3.3 の出力インピーダンスを求めるための回路

$$Z_{\text{out}} = r_d // R_L = \frac{r_d R_L}{r_d + R_L} \tag{3.10}$$

となる．

〔問 3.1〕 抵抗 $R_L$ を $50\,\text{k}\Omega$，$g_m$ を $200\,\mu\text{S}$，$r_d$ を $1\,\text{M}\Omega$ とした場合，図 3.3 のソース接地増幅回路の諸特性を求めよ．

### 3.2.2 ドレイン接地増幅回路

図 3.6 にドレイン接地増幅回路を示す．図 3.6 においてトランジスタ $M_1$ のドレイン端子が接地されていないが，図 3.7 に示すように，小信号等価回路上では電源 $V_{DD}$ が短絡となるためドレイン端子が接地される．

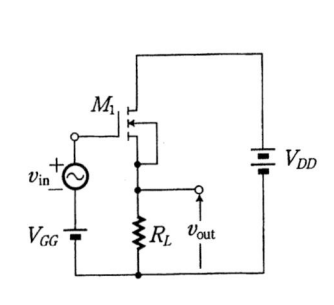

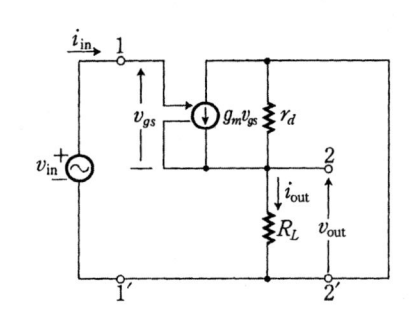

図 3.6  ドレイン接地増幅回路　　図 3.7  図 3.6 の小信号等価回路

図 3.7 においても，ソース接地増幅回路と同様に，ゲート端子には電流が流れないため $i_{\text{in}}$ は零となる．したがって，入力インピーダンス $Z_{\text{in}}$ は

$$Z_{\text{in}} = \infty \tag{3.11}$$

となる．

次に電圧利得 $A_v$ を求める．ゲート－ソース間電圧 $v_{gs}$ と負荷抵抗 $R_L$ の両端の電圧 $v_{\text{out}}$ の和が $v_{\text{in}}$ となるので

$$v_{gs} = v_{\text{in}} - v_{\text{out}} \tag{3.12}$$

が成り立つ．また，電流 $g_m v_{gs}$ は $R_L$ と $r_d$ からなる並列抵抗に流れ込み，その

結果生じる電圧が $v_\text{out}$ であるので

$$v_\text{out} = g_m v_{gs}(r_d // R_L) = \frac{g_m r_d R_L}{r_d + R_L} v_{gs} \tag{3.13}$$

となる．式（3.12）を式（3.13）に代入すれば電圧利得 $A_v$ を

$$A_v = \frac{g_m r_d R_L}{r_d + R_L + g_m r_d R_L} \tag{3.14}$$

と求めることができる．一般には $g_m r_d R_L \gg r_d + R_L$ が成立するので，分母の $r_d + R_L$ を無視すると

$$A_v \fallingdotseq 1 \tag{3.15}$$

が成り立つ．式（3.15）は入力信号であるゲート端子の電位の変化がほぼ 1 倍でソース端子の電位の変化として伝わることを意味する．このことから，図 3.6 の増幅回路をソースフォロワと呼ぶことが多い．以下では，この回路をソースフォロワと呼ぶことにする．

電流利得 $A_i$ は，ソース接地増幅回路と同様に，入力電流 $i_\text{in}$ が零であることから

$$A_i = \infty \tag{3.16}$$

となる．この結果，電力利得 $A_p$ も無限大であることがわかる．

最後に出力インピーダンスを求める．入力電圧 $v_\text{in}$ を短絡し，電圧源 $v_\text{out}$ を出力端子に接続すると図 3.8 が得られる．まず，図 3.8 においても式（3.12）が成り立つ．ただし，$v_\text{in}$ が零であるから

$$v_{gs} = -v_\text{out} \tag{3.17}$$

となる．一方，電流 $i_{RL}$ や $i_{rd}$ は，抵抗 $R_L$ 並びに $r_d$ に電圧 $v_\text{out}$ が加わったときの電流であるから

$$i_{RL} = \frac{v_\text{out}}{R_L} \tag{3.18}$$

$$i_{rd} = \frac{v_\text{out}}{r_d} \tag{3.19}$$

となる．また，$g_m v_{gs}$ と $i_\text{out}'$ の和は $i_{RL}$ と $i_{rd}$ の和であるから

$$i_{RL}+i_{rd}=g_m v_{gs}+i_{\text{out}}' \tag{3.20}$$

となる．式 (3.17)〜式 (3.19) を式 (3.20) に代入し，式 (3.5) を用いると $Z_{\text{out}}$ を

$$Z_{\text{out}}=\frac{r_d R_L}{r_d+R_L+g_m r_d R_L} \tag{3.21}$$

と求めることができる．

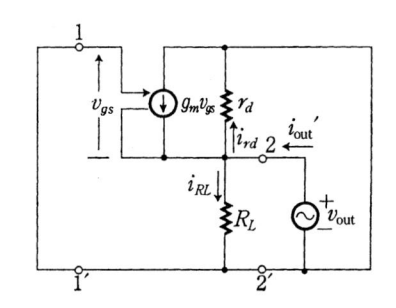

図 3.8 図 3.6 の出力インピーダンスを求めるための回路

また，電圧利得の場合と同様に，$g_m r_d R_L \gg r_d+R_L$ と近似すれば，$Z_{\text{out}}$ は

$$Z_{\text{out}} \fallingdotseq \frac{1}{g_m} \tag{3.22}$$

となる．

〔問 3.2〕 抵抗 $R_L$ や $g_m, r_d$ の値を問 3.1 と同じとし，図 3.6 のソースフォロワの諸特性を求めよ．

### 3.2.3 ゲート接地増幅回路

図 3.9 にゲート接地増幅回路を示す．図 3.9 においてもトランジスタ $M_1$ のゲート端子が接地されていないが，小信号等価回路では電源 $V_{GG}$ が短絡となるため，この回路はゲート接地増幅回路であることがわかる．ゲート接地増幅回路の小信号等価回路を図 3.10 に示す．

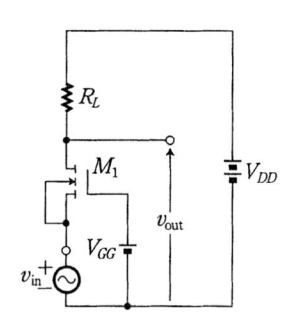

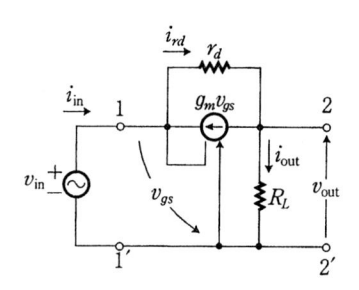

図 3.9　ゲート接地増幅回路　　図 3.10　図 3.9 の小信号等価回路

図 3.10 において注目すべき点は，ゲート端子には電流が流れないため，入力電流 $i_{in}$ と出力電流 $i_{out}$ が常に

$$i_{in}=i_{out} \tag{3.23}$$

となることである．したがって，式 (3.3) から電流利得 $A_i$ は

$$A_i=1 \tag{3.24}$$

であることがわかる．

次に入力インピーダンスを求める．入力電流 $i_{in}$ と電流 $g_m v_{gs}$ の和が抵抗 $r_d$ に流れる電流 $i_{rd}$ となるので

$$i_{rd}=i_{in}+g_m v_{gs} \tag{3.25}$$

である．さらに，抵抗 $r_d$ の電圧降下と抵抗 $R_L$ の電圧降下の和は $v_{in}$ であるから

$$v_{in}=r_d i_{rd}+R_L i_{out} \tag{3.26}$$

となる．$v_{in}$ と $v_{gs}$ の関係が

$$v_{in}=-v_{gs} \tag{3.27}$$

であることと，式 (3.23) と式 (3.25) を式 (3.26) に代入すると，入力インピーダンス $Z_{in}$ を

$$Z_{in}=\frac{r_d+R_L}{1+g_m r_d} \tag{3.28}$$

と求めることができる．

また，電圧利得 $A_v$ は，出力電圧 $v_{out}$ が

$$v_{out} = R_L i_{out} \tag{3.29}$$

であり，入力インピーダンス $Z_{in}$ と式 (3.23) を用いると入力電圧 $v_{in}$ が

$$v_{in} = Z_{in} i_{in} = Z_{in} i_{out} \tag{3.30}$$

であるから

$$A_v = (1 + g_m r_d) \frac{R_L}{r_d + R_L} \tag{3.31}$$

となる．電力利得は電圧利得と電流利得の積であり，ゲート接地増幅回路の場合は電流利得が常に1倍であるから，ゲート接地増幅回路の電力利得 $A_p$ は式 (3.31) で与えられる電圧利得に等しい．

最後に出力インピーダンスを求める．出力インピーダンスを求めるための回路を図3.11に示す．図3.11から明らかなように $v_{gs}$ は常に零である．したがって，電流源 $g_m v_{gs}$ を取り去ることができる．この結果，出力端子から見た回路は抵抗 $r_d$ と $R_L$ の並列回路となり，出力インピーダンス $Z_{out}$ が

$$Z_{out} = r_d // R_L = \frac{r_d R_L}{r_d + R_L} \tag{3.32}$$

であることがわかる．

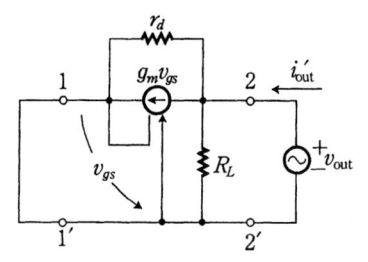

図 3.11 図3.9の出力インピーダンスを求めるための回路

〔問 3.3〕 抵抗 $R_L$ や $g_m, r_d$ の値を問3.1と同じとし，図3.9のゲート接地増幅回路の諸特性を求めよ．

### 3.2.4 基本増幅回路の比較

一般にソース接地増幅回路の大きな特徴は電圧利得である．ソース接地増幅回路は，ソースフォロワやゲート接地増幅回路と異なり，電圧利得の符号が負となっている．負の符号は，入力であるゲート端子の電位が上昇した場合には出力のドレイン端子の電位が下がり，逆に，ゲート端子の電位が下がった場合にはドレイン端子の電位が上がることを意味している．このように，入力端子と出力端子の電位の変化の方向が全く逆の関係にある増幅回路を逆相増幅回路と呼んでいる．これに対してソースフォロワやゲート接地増幅回路では入力端子と出力端子の電位の変化の方向が同じであり，このような増幅回路は正相増幅回路と呼ばれている．

ソースフォロワの特徴は約1倍の電圧利得と低い出力インピーダンスである．出力インピーダンスが低いということは出力端子に他の回路を接続しても出力電圧が影響を受けにくいことを意味する．このため，ソースフォロワは，回路と回路を接続する場合に発生する，相互の影響を取り除くための緩衝増幅器（バッファ）として用いられることがある．

ゲート接地増幅回路の特徴は入力インピーダンスが低く，電流利得が1倍であることである．このため，ゲート接地増幅回路には電流が流れ込みやすく，しかもその電流をそのまま負荷抵抗へ伝えることができる．ソースフォロワが電圧を取り出すのに適した回路であるのに対し，ゲート接地増幅回路は電流を取り出すのに適した回路である．

---

〔問 3.4〕 3種類の基本増幅回路すべてについて，負荷抵抗 $R_L$ と並列に500 kΩの抵抗を接続した場合の電圧利得を求め，結果を比較せよ．ただし，$R_L$ や $g_m$, $r_d$ の値は問3.1と同じとする．

## 3.3 縦続接続型増幅回路

電圧増幅回路の特性として，入力端子に電流が流れ込んで信号電圧の減少が

起きないように入力インピーダンスは十分に高く，出力端子に他の回路を接続した場合にも信号電圧の減少を避けるために出力インピーダンスは十分に低いことが望まれる場合が多い．このような特性を実現する場合，ソース接地増幅回路では，高入力インピーダンスで大きな電圧利得の増幅回路は実現できても，出力インピーダンスが高くなる．一方，ソースフォロワは出力インピーダンスは低いが，電圧利得が約1倍と小さい．このように基本増幅回路単体では所望の特性が実現できないことがある．しかし，基本増幅回路を組み合わせることにより，ソース接地増幅回路やソースフォロワ単体では実現できない特性も実現することができる．

増幅回路を組み合わせる方法の一つに縦続接続がある．図3.12に縦続接続型増幅回路を模式的に示す．図3.12は多数の増幅回路の縦続接続の例であるが，ここでは簡単のため，2個の増幅回路を縦続接続した場合に限って説明する．

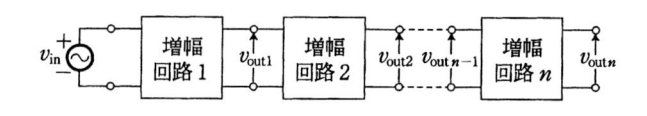

図 3.12 増幅回路の縦続接続

図3.13に縦続接続型増幅回路の一例としてソース接地増幅回路およびソースフォロワを縦続接続した回路を示す．また，図3.13の回路の小信号等価回路を図3.14に示す．

まず，この増幅回路で重要な点は，ソースフォロワの入力端子には電流が流れ込まないので，ソースフォロワは初段のソース接地増幅回路の特性には全く影響を与えないことである．したがって，入力インピーダンス $Z_{in}$ は，ソース接地増幅回路と同様に

$$Z_{in} = \infty \tag{3.33}$$

となる．

## 3.3 縦続接続型増幅回路

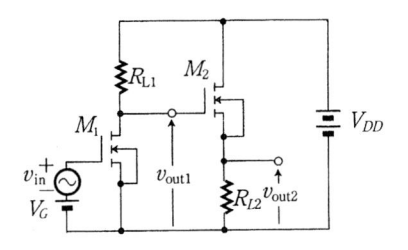

図 3.13 ソース接地-ソースフォロワ型増幅回路

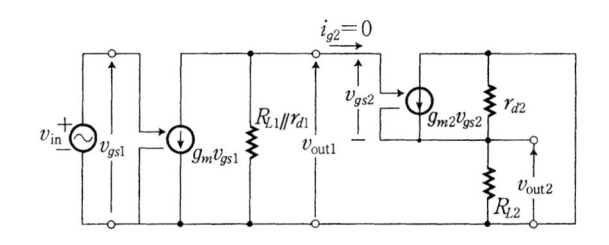

図 3.14 図 3.13 の小信号等価回路

電圧利得についても同様に考えられ，ソース接地増幅回路の電圧利得を表す式（3.8）を用いれば，初段増幅回路の電圧利得 $A_{v1}=\dfrac{v_{\text{out1}}}{v_{\text{in}}}$ は

$$A_{v1}=\frac{v_{\text{out1}}}{v_{\text{in}}}=-\frac{g_{m1}r_{d1}R_{L1}}{r_{d1}+R_{L1}} \tag{3.34}$$

となる．また，2段目のソースフォロワは，電圧源 $v_{\text{out1}}$ という入力電圧で駆動されていることと同じであるから，2段目の増幅回路の電圧利得 $A_{v2}=\dfrac{v_{\text{out2}}}{v_{\text{out1}}}$ は，ソースフォロワの電圧利得を表す式（3.14）から

$$A_{v2}=\frac{v_{\text{out2}}}{v_{\text{out1}}}=\frac{g_{m2}r_{d2}R_{L2}}{r_{d2}+R_{L2}+g_{m2}r_{d2}R_{L2}} \tag{3.35}$$

となる．したがって，全体の電圧利得 $A_v=\dfrac{v_{\text{out2}}}{v_{\text{in}}}$ が

$$A_v=A_{v1}\times A_{v2}=-\frac{g_{m1}r_{d1}R_{L1}}{r_{d1}+R_{L1}}\cdot\frac{g_{m2}r_{d2}R_{L2}}{r_{d2}+R_{L2}+g_{m2}r_{d2}R_{L2}} \tag{3.36}$$

と得られる．

電流利得も電圧利得と同様に考えることができる．ソース接地増幅回路並び

にソースフォロワの電流利得はともに無限大であるから，図3.13の回路全体の電流利得も無限大となる．したがって，電力利得も無限大である．

最後に，出力インピーダンスを求める．入力電圧$v_{in}$を零とすれば，電流源$g_{m1}v_{gs1}$も零となる．この結果，$R_{L1}$と$r_{d1}$の並列抵抗には電流が流れず，$v_{out1}$も零となる．この状態はソースフォロワの出力抵抗を求めた図3.8の場合と全く同じである．したがって，ソースフォロワの出力インピーダンスを表す式（3.21）を用いれば，図3.13の出力インピーダンス$Z_{out}$を

$$Z_{out} = \frac{r_{d2}R_{L2}}{r_{d2}+R_{L2}+g_{m2}r_{d2}R_{L2}} \tag{3.37}$$

と求めることができる．

次に，他の縦続接続型増幅回路の例としてソース接地増幅回路とゲート接地増幅回路を縦続接続した図3.15の回路について考えてみよう．この回路の小信号等価回路は図3.16となる．この回路も，点線A–A′で回路を切断して，ソース接地増幅回路とゲート接地増幅回路を別個に考えることができる．しかし，ゲート接地増幅回路は，ソース接地増幅回路やソースフォロワと異なり，入力端子に電流が流れ込む．したがって，ただ単にA–A′で切断しただけでは，ソース接地増幅回路の出力端子にゲート接地増幅回路が接続されている影響を無視することになり，正しい解析ができない．初段のソース接地増幅回路部分だけを解析するのであれば，A–A′から右側の回路の内部の構造を知る必

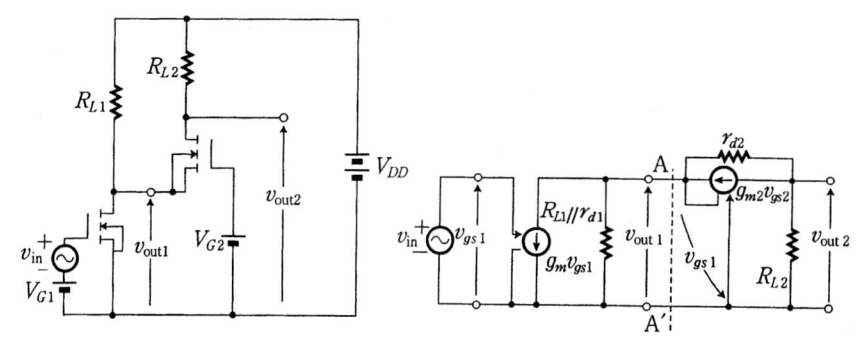

図 3.15　ソース接地–ゲート接地型増幅回路　　　図 3.16　図3.15の小信号等価回路

## 3.3 縦続接続型増幅回路

要はない.

そこで, ゲート接地増幅回路を, 式 (3.28) で表されるゲート接地増幅回路の入力インピーダンスを持つ素子に置き換える. これを図 3.17 に示す. ただし, $Z_{inG}$ はゲート接地増幅回路の入力インピーダンスであり,

$$Z_{inG} = \frac{r_{d2} + R_{L2}}{1 + g_{m2}r_{d2}} \tag{3.38}$$

である.

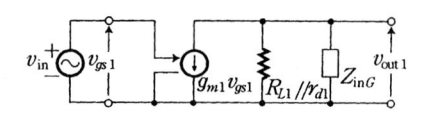

**図 3.17** 図 3.16 の $v_{out1}$ を求めるための小信号等価回路

図 3.17 は, 図 3.4 のソース接地増幅回路の負荷抵抗が, $R_L$ と $r_d$ の並列回路から $R_{L1}$ と $r_{d1}$, $Z_{inG}$ の並列回路に置き換わっただけであるから, 初段増幅回路の電圧利得 $A_{v1} = \dfrac{v_{out1}}{v_{in}}$ は

$$A_{v1} = \frac{v_{out1}}{v_{in}} = -g_{m1}(r_{d1}//R_{L1}//Z_{inG})$$

$$= -\frac{g_{m1}r_{d1}R_{L1}Z_{inG}}{r_{d1}R_{L1} + R_{L1}Z_{inG} + Z_{inG}r_{d1}} \tag{3.39}$$

となる. また, 2段目のゲート接地増幅回路は電圧源 $v_{out1}$ で駆動されていると考えればよい. このことから 2 段目の増幅回路の電圧利得 $A_{v2} = \dfrac{v_{out2}}{v_{out1}}$ は, ゲート接地増幅回路の電圧利得の式から

$$A_{v2} = \frac{v_{out2}}{v_{out1}} = (1 + g_{m2}r_{d2})\frac{R_{L2}}{r_{d2} + R_{L2}} \tag{3.40}$$

と求められる. 全体の電圧利得 $A_v = \dfrac{v_{out2}}{v_{in}}$ は式 (3.39) と式 (3.40) の積となる.

図 3.15 の増幅回路の入力端子はゲート端子であるから, 入力電流が流れず, ソース接地増幅回路やソースフォロワなどのように, 入力インピーダンスが無

限大であることがわかる．

　出力インピーダンス $Z_{out}$ は，基本増幅回路と同様に，入力電圧 $v_{in}$ を零として出力端子を電圧源 $v_{out}$ で駆動し，$v_{out}/i_{out}'$ を求めればよい．ここでは，図3.18に示すように，$Z_{out}$ が負荷抵抗 $R_{L2}$ と残りのインピーダンス $Z_{out}'$ の並列回路で表されることに着目し，$Z_{out}'$ をまず求めてみよう．図3.16において，$v_{in}$ が零であるから電流源 $g_{m1}v_{gs1}$ は開放となり，このことから $Z_{out}'$ は図3.19において $v_{out}/i_x$ で与えられる．さらに節点Aの電位が $-v_{gs2}$ であることから，$i_x$ を

$$i_x = -\frac{v_{gs2}}{r_{d1}//R_{L1}} \tag{3.41}$$

または

$$i_x = \frac{v_{out}-(-v_{gs2})}{r_{d2}} + g_{m2}v_{gs2} \tag{3.42}$$

と表すことができる．式 (3.41) から $v_{gs2}$ を求め，式 (3.42) に代入すると $Z_{out}'$ は

$$Z_{out}' = \frac{v_{out}}{i_x} = r_{d2} + (1+g_{m2}r_{d2})\frac{r_{d1}R_{L1}}{r_{d1}+R_{L1}} \tag{3.43}$$

となる．このことから，ゲート接地増幅回路のソース端子に接続されたインピーダンス $r_{d1}//R_{L1}$ はドレイン端子側から見ると $(1+g_{m2}r_{d2})$ 倍されることがわかる．

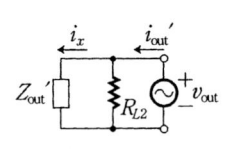

図 3.18　図3.15の出力インピーダンスを求めるための回路

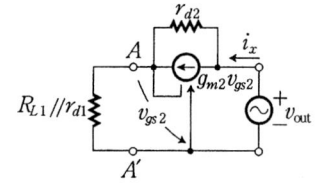

図 3.19　$Z_{out}'$ を求めるための回路

　最後に，図3.15の増幅回路の出力インピーダンス $Z_{out}$ が $R_{L2}$ と $Z_{out}'$ の並列接続により実現されていることから，$Z_{out}$ を

$$Z_{out} = R_{L2}//Z_{out}' \tag{3.44}$$

〔問 3.5〕 抵抗 $R_{L1}$ や $R_{L2}$ を 50 kΩ,各トランジスタの $g_m$, $r_d$ の値を問 3.1 と同じとし,図 3.13 並びに図 3.15 の増幅回路の電圧利得並びに出力インピーダンスを求めよ.

## 演習問題

3.1 図 1.15 からわかるように,図 3.6 と図 3.9 の増幅回路を p 型半導体基板上に実現した場合,n チャネル MOS トランジスタである $M_1$ のサブストレート端子はソース端子ではなく,電位の最も低い接地端子に接続される.この場合,基板効果の影響を無視することができない.図 2.7 の MOS トランジスタ小信号等価回路を用いて図 3.6 および図 3.9 の諸特性を求めよ.ただし,抵抗 $R_L$ を 50 kΩ, $g_m$ を 200 μS, $|g_{mb}|$ を 20 μS, $r_d$ を 1 MΩ とする.

3.2 図 3.13 の回路において,電圧利得の絶対値が 20 倍以上,出力インピーダンスが 3 kΩ 以下となるように,各トランジスタの伝達コンダクタンス $g_m$ を求めよ.ただし,図 3.13 の小信号等価回路は図 3.14 とし,$R_{L1}=100$ kΩ, $R_{L2}=50$ kΩ, $r_{d1}=1$ MΩ, $r_{d2}=1$ MΩ とする.

3.3 図 3.E1 はソース接地増幅回路において負荷抵抗の代わりにディプリーション型 MOS トランジスタ $M_2$ を用いた回路である.$M_2$ はディプリーション型であるため常に飽和領域で動作し,また $M_1$ も飽和領域で動作するようにバイアスされているものとする.$M_1$ の伝達コンダクタンス $g_{m1}$ を 200 μS,ドレイン抵抗 $r_{d1}$ を 1 MΩ とし,$M_2$ の伝達コンダクタンス $g_{m2}$ を 100 μS,ドレイン抵抗 $r_{d2}$ を 0.5 MΩ とした場合,この回路の電圧利得を求めよ.

3.4 図 3.E2 は n チャネル MOS トランジスタと p チャネル MOS トランジスタを用いて構成した増幅回路である.$M_1$ 並びに $M_2$ はともに飽和領域にバイアスされているものとし,さらに $M_1$ の伝達コンダクタンス $g_{m1}$ を 200 μS,ドレイン抵抗 $r_{d1}$ を 1 MΩ, $M_2$ の伝達コンダクタンス $g_{m2}$ を 100 μS,ドレイン抵抗 $r_{d2}$ を 0.5 MΩ とした場合,この回路の電圧利得を求めよ.

図 3.E1　　　　　　　　　図 3.E2

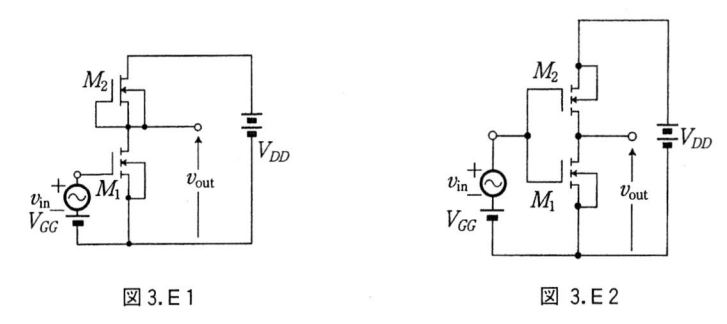

3.5 図3.E3 (a) は CMOS ペアを用いた増幅回路である．
(1) CMOS ペアのドレイン電流 $I_D$ が
$$I_D = K_{eq}(V_{GSeq} - V_{Teq})^2$$
という2乗則に従う場合，CMOSペアの小信号等価回路は図3.E3 (b) となる．図3.E3 (b) の $g_{meq}$ を，$K_{eq}$ および $V_{GSeq}$，$V_{Teq}$ を用いて表せ．
(2) $K_{eq} = 20\,\mu\text{S/V}$，$V_{Teq} = 1.6\,\text{V}$ のとき，図3.E3 (a) の増幅回路において $A_{v1} = \dfrac{v_{out1}}{v_{in}}$ 並びに $A_{v2} = \dfrac{v_{out2}}{v_{in}}$ を求めよ．

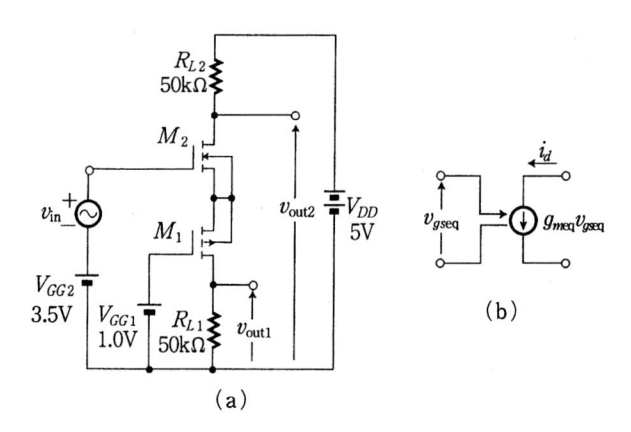

図 3.E3

3.6 図3.E4の増幅回路について以下の問に答えよ．ただし，トランジスタの特性として2乗則が成り立ち，nチャネル並びにpチャネルトランジスタのしきい電圧をそれぞれ0.8V，−0.8Vとし，チャネル長変調効果は無視してよい．

(1) n チャネル並びに p チャネルトランジスタのドレインの電位 $V_{DN}$, $V_{DP}$ がそれぞれ 4.0 V, 2.4 V となるように n チャネル並びに p チャネルトランジスタのトランスコンダクタンス係数 $K_N$, $K_P$ を定めよ.

(2) (1) で求めたトランスコンダクタンス係数を用いて電圧利得 $A_v = \dfrac{v_{\text{out}}}{v_{\text{in}}}$ を求めよ.

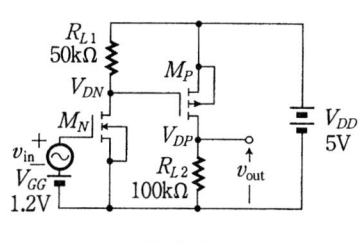

図 3.E 4

3.7 図 3.E 5 の増幅回路について以下の問に答えよ. ただし, トランジスタの特性として 2 乗則が成り立ち, n チャネル並びに p チャネルトランジスタのトランスコンダクタンス係数 $K_N$, $K_P$ 並びにしきい電圧 $V_{TN}$, $V_{TP}$ をそれぞれ 100 $\mu$S/V, 600 $\mu$S/V 並びに 0.8 V, $-0.8$ V とし, チャネル長変調効果は無視してよい.

(1) 直流電位 $V_{DN}$ 並びに $V_{DP}$ を求めよ.

(2) 電圧利得 $A_v = \dfrac{v_{\text{out}}}{v_{\text{in}}}$ を求めよ.

(3) 出力抵抗 $Z_{\text{out}} = \dfrac{v_{\text{out}}}{i'_{\text{out}}}\bigg|_{v_{\text{in}}=0}$ を求めよ.

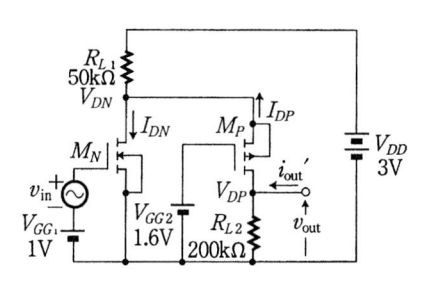

図 3.E 5

# 4 増幅回路の高周波特性

前章までにおいては，信号の周波数成分は十分低いことを暗黙に仮定して，寄生容量の影響を無視していた．より高い周波数成分を持つ信号を扱う場合には，MOS トランジスタの端子間の寄生容量などを考慮して解析を行わなければならない．本章では，高い周波数成分を持つ信号に対する増幅回路の高周波特性，特に電圧利得の解析手法について説明する．

## 4.1 ミラー効果

増幅回路の解析を行うための準備として，図 4.1 に示される，$-A$ 倍（$A>0$）の電圧制御電圧源と容量 $C$ からなる回路について考えてみよう．電圧制御電圧源の制御端子には電流は流れ込まないので，図 4.1 の回路では電流 $i_\text{in}$ はすべて容量 $C$ に流れ込む．したがって，$i_\text{in}$ は $i_C$ に等しい．また，容量 $C$ は電圧制御電圧源の制御端子と出力端子とに接続されているので，その両端の電位差 $v_C$ は

$$v_C = v_\text{in} - (-Av_\text{in}) = (1+A)v_\text{in} \tag{4.1}$$

である．したがって，$i_\text{in}$ は

$$i_\text{in} = i_C = j\omega C v_C = j\omega(1+A)Cv_\text{in} \tag{4.2}$$

となる．

ここで，図 4.2 の容量に流れ込む電流 $i_C{}'$ について考えてみよう．図 4.2 では，図 4.1 と同じ電圧 $v_\text{in}$ が加えられている．したがって，$i_C{}'$ は

$$i_C{}' = j\omega(1+A)Cv_\text{in} \tag{4.3}$$

となり，図 4.1 の $i_\text{in}$ と等しくなる．このことは，点線の外側の端子から図 4.1

の回路と図4.2の回路の入力電圧や入力電流を測定した場合，全く区別がつかないことを示している．すなわち，図4.1と図4.2は点線の外側の端子から見て等価であり，図4.1のように接続された容量は端子対1-1′から見て，$(1+A)$倍の値の容量として振る舞うと考えてよい．これをミラー効果という．

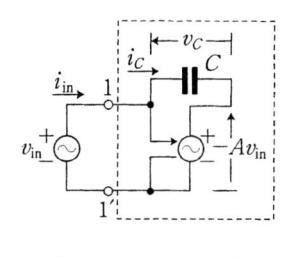

図 4.1　ミラー効果

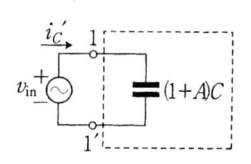

図 4.2　図 4.1 の等価回路

## 4.2　基本増幅回路の高周波解析

前章までは入力信号である電圧源を理想的として考えてきたが，一般に電源は内部抵抗を持っている．また，増幅回路を縦続接続する場合には前段の増幅回路を等価的に内部抵抗付きの電圧源と考えることができる．これらの理由から，本節では内部抵抗を考慮し，高周波領域における増幅回路の増幅特性について解析する．また，ここでもサブストレート端子はソース端子に短絡して基板効果の影響がないものとし，ゲート，ドレイン，ソースの3端子の間の寄生容量についてだけ考える．したがって，図2.8のMOSトランジスタの高周波等価回路は図4.3となる．ただし，$C_g$ は図2.8の $C_{gs}$ と $C_{gb}$ の和である．

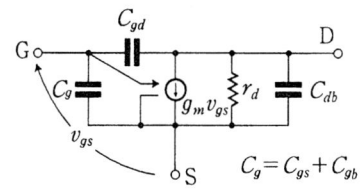

図 4.3　サブストレート端子をソース端子に短絡した場合の
　　　　MOS トランジスタ高周波等価回路

### 4.2.1 ソース接地増幅回路の高周波特性

図3.3のソース接地増幅回路に，図4.3のMOSトランジスタの高周波等価回路を用いると，その高周波小信号等価回路は図4.4となる．ただし，図4.4では電源$v_\text{in}$の内部抵抗$\rho$を考慮している．また，$R_L{'}$は$r_d$と$R_L$の並列抵抗を表している．図4.4において，節点①並びに節点②に関してキルヒホフの電流則を立てると

$$\frac{v_\text{in}-v_{gs}}{\rho}=j\omega C_g v_{gs}+j\omega C_{gd}(v_{gs}-v_\text{out}) \tag{4.4}$$

$$\left(j\omega C_{db}+\frac{1}{R_L{'}}\right)v_\text{out}+g_m v_{gs}=j\omega C_{gd}(v_{gs}-v_\text{out}) \tag{4.5}$$

という関係式が得られる．これらの式から$v_{gs}$を消去すると電圧利得$A_v=\dfrac{v_\text{out}}{v_\text{in}}$は

$$A_v=\frac{(j\omega C_{gd}-g_m)R_L{'}}{\{1+j\omega(C_{db}+C_{gd})R_L{'}\}\{1+j\omega(C_g+C_{gd})\rho\}-j\omega C_{gd}(j\omega C_{gd}-g_m)R_L{'}\rho} \tag{4.6}$$

となる．

さほど信号周波数が高くない場合には

$$\frac{1}{R_L{'}} \gg \omega C_{db}+\omega C_{gd} \tag{4.7}$$

$$g_m \gg \omega C_{gd} \tag{4.8}$$

という近似が成り立つ．式 (4.7) および式 (4.8) の近似を用いると式 (4.6) は

$$A_v=-\frac{g_m R_L{'}}{1+j\omega(C_g+C_{gd}+C_{gd}g_m R_L{'})\rho} \tag{4.9}$$

となり，式 (4.7) および式 (4.8) を満足する周波数領域でのソース接地増幅回路の周波数特性を求めることができる．

次に，式 (4.7) および式 (4.8) の近似を考慮することにより，図4.4の小

信号等価回路から近似等価回路を導出し，より簡単にソース接地増幅回路の電圧利得を求める方法について考えてみよう．

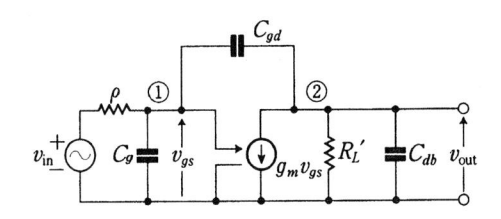

図 4.4　ソース接地増幅回路の高周波小信号等価回路

まず，図 4.4 において式（4.7）が成り立つとすると，容量 $C_{db}$ を開放除去することができる．また，式（4.7）から $R_L'$ は $C_{db}$ や $C_{gd}$ のインピーダンスよりも十分小さく，式（4.8）から $g_m$ は $C_{gd}$ のアドミタンスよりも十分大きいので，$C_{gd}$ による入力端子から出力端子への直接伝送を無視することができる．さらに，直流について考えればソース接地増幅回路は $-g_m R_L'$ 倍の逆相増幅回路であるので，前節で説明したミラー効果を用いるとゲート-ドレイン間の容量 $C_{gd}$ を $(1+g_m R_L')C_{gd}$ という値を持つゲート-接地間の容量に置き換えることができる．

以上の結果をまとめると，図 4.5 に示す近似等価回路が得られる．図 4.5 を解析すれば，簡単な計算で式（4.9）と同じ結果が得られる．

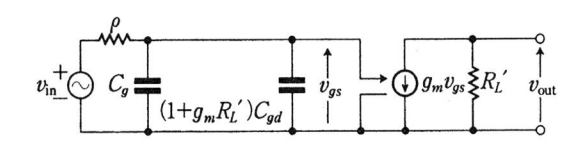

図 4.5　図 4.3 の近似等価回路

次に，式（4.9）の特性をグラフを用いて表してみよう．一般に，電圧利得 $A_v$ は周波数 $f$ によって変化する複素数であるから，$A_v$ を三角関数を用いて実部と虚部に分けて表すと

$$A_v = A(f)\{\cos\theta(f) + j\sin\theta(f)\} \tag{4.10}$$

となる．ここで，$A(f)$ は $A_v$ の振幅特性，$\theta(f)$ は $A_v$ の位相特性と呼ばれている．また，オイラーの公式を用いれば

$$A_v = A(f)e^{j\theta(f)} \tag{4.11}$$

と表すこともできる．このような複素数の表現方法を，極座標形式と呼ぶ．これら振幅特性並びに位相特性をグラフにして表すことにより，周波数に応じた電圧利得の変化を視覚的にとらえることができる．

式 (4.10) または式 (4.11) に従い，式 (4.9) で与えられる電圧利得 $A_v$ の振幅特性並びに位相特性を求めると

$$A(f) = |A_v| = \frac{A_0}{\sqrt{1 + \dfrac{f^2}{f_C^2}}} \tag{4.12}$$

$$\theta(f) = \angle A_v = \pi - \tan^{-1}\frac{f}{f_C} \tag{4.13}$$

となる．ただし，$f = \dfrac{\omega}{2\pi}$ であり，$A_0$ 並びに $f_C$ は

$$A_0 = g_m R_L' \tag{4.14}$$

$$f_C = \frac{1}{2\pi\{C_g + C_{gd}(1 + g_m R_L')\}\rho} \tag{4.15}$$

である．$A_0$ は直流での増幅回路の電圧利得であるため，直流利得と呼ばれている．また，$f_C$ はしゃ断周波数と呼ばれており，直流での振幅特性の値から $\dfrac{1}{\sqrt{2}}$ 倍（約 $-3$ dB）となる周波数である．しゃ断周波数は増幅回路の使用できる周波数範囲の目安を表している．

式 (4.12) 並びに式 (4.13) から求めた各特性の概略を図 4.6 に示す．図 4.6 のグラフはボード線図と呼ばれている．

〔問 4.1〕 $Ae^{j\theta} = \dfrac{A_N e^{j\theta_N}}{A_D e^{j\theta_D}}$ であるとき $A = \dfrac{A_N}{A_D}$，$\theta = \theta_N - \theta_D$ となることを証明せよ．

〔問 4.2〕 式 (4.15) から，ソース接地増幅回路のしゃ断周波数を求めよ．ただし，$R_L' = 50\,\text{k}\Omega$，$\rho = 50\,\text{k}\Omega$，$g_m = 400\,\mu\text{S}$，$C_g = 0.2\,\text{pF}$，$C_{gd} = 0.05\,\text{pF}$ とする．

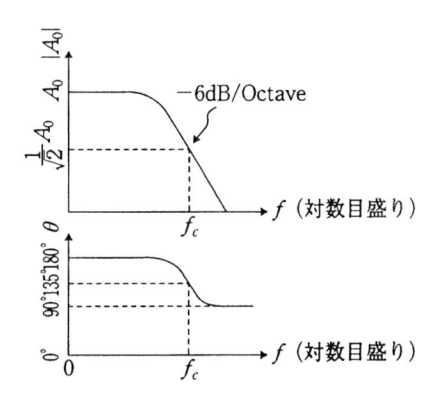

図 4.6 ソース接地増幅回路の周波数特性の概略（ボード線図）

### 4.2.2 ソースフォロワの高周波特性

ソース接地増幅回路の場合と同様に，電源の内部抵抗 $\rho$ 並びに MOS トランジスタの端子間の寄生容量を考慮した，ソースフォロワの高周波小信号等価回路を図 4.7 に示す．また，ソース接地増幅回路と同様に，ドレイン抵抗 $r_d$ と負荷抵抗 $R_L$ の並列抵抗を $R_L'$ としている．

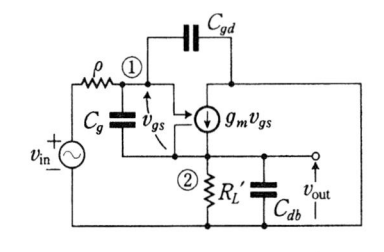

図 4.7 ソースフォロワの高周波等価回路

節点①並びに②に関してキルヒホフの電流則を適用すると

$$\frac{v_{\text{in}} - v_{gs} - v_{\text{out}}}{\rho} = j\omega C_{gd}(v_{gs} + v_{\text{out}}) + j\omega C_g v_{gs} \tag{4.16}$$

$$\left(\frac{1}{R_L'} + j\omega C_{db}\right) v_{\text{out}} = g_m v_{gs} + j\omega C_g v_{gs} \tag{4.17}$$

という関係式が求められる．式 (4.17) から $v_{gs}$ は

$$v_{gs} = \frac{1 + j\omega C_{db} R_L'}{(g_m + j\omega C_g) R_L'} v_{\text{out}} \tag{4.18}$$

となる．これを式 (4.16) に代入すれば電圧利得 $A_v$ を

$$A_v = \frac{g_m R_L' \left(1 + \dfrac{j\omega C_g}{g_m}\right)}{\{1 + j\omega(C_{gd} + C_g)\rho\}(1 + j\omega C_{db} R_L') + (1 + j\omega C_{gd}\rho)\left(1 + \dfrac{j\omega C_g}{g_m}\right) g_m R_L'} \tag{4.19}$$

と求めることができる．

ソースフォロワは正相増幅器であるため，ソース接地増幅回路のようにミラー効果を考えて近似することはできない．しかし，実際の多くの回路では，$j\omega$ の 2 次以上の高次の項は，1 次の項と比較してその絶対値が小さいため無視することができる．この近似を用いると，式 (4.19) は

$$A_v = \frac{g_m R_L' \left(1 + \dfrac{j\omega C_g}{g_m}\right)}{1 + g_m R_L' + j\omega\{(C_{gd} + C_g)\rho + (C_{db} + C_g) R_L' + C_{gd}\rho g_m R_L'\}} \tag{4.20}$$

となる．さらに，一般に電圧利得が

$$A_v = A_0 \cdot \frac{1 + j\dfrac{\omega}{\omega_z}}{1 + j\dfrac{\omega}{\omega_p}} \tag{4.21}$$

と表され，信号周波数が

$$\frac{\omega}{\omega_z} \ll 1 \tag{4.22}$$

を満足する範囲では，$A_v$ を

$$A_v = A_0 \cdot \frac{1}{1+j\omega\left(\dfrac{1}{\omega_p}-\dfrac{1}{\omega_z}\right)} \tag{4.23}$$

と近似することができる．ソースフォロワの場合にこの近似を用いると，信号周波数が

$$\omega \ll \frac{g_m}{C_g} \tag{4.24}$$

を満足する範囲において，近似的に式 (4.20) は

$$A_v = \frac{g_m R_L'}{1+g_m R_L'} \cdot \frac{1}{1+j\omega\left\{\dfrac{(C_{gd}+C_g)\rho+(C_{db}+C_g)R_L'+C_{gd}\rho g_m R_L'}{1+g_m R_L'}-\dfrac{C_g}{g_m}\right\}} \tag{4.25}$$

となる．式 (4.25) から，ソース接地増幅回路と同様に，直流利得 $A_0$ 並びにしゃ断周波数 $f_C$ は

$$A_0 = \frac{g_m R_L'}{1+g_m R_L'} \tag{4.26}$$

$$f_C = \frac{1}{2\pi\left\{\dfrac{(C_{gd}+C_g)\rho+(C_{db}+C_g)R_L'+C_{gd}\rho g_m R_L'}{1+g_m R_L'}-\dfrac{C_g}{g_m}\right\}} \tag{4.27}$$

となる．

---

〔問 4.3〕 式 (4.27) から，ソースフォロワのしゃ断周波数を求めよ．ただし，$C_{db}$ を 0.05 pF とし，他の素子値は問 4.2 と同じとする．

### 4.2.3 ゲート接地増幅回路の高周波特性

電源の内部抵抗 $\rho$ と MOS トランジスタの端子間の寄生容量を考慮した,ゲート接地増幅回路の高周波小信号等価回路を図 4.8 に示す.

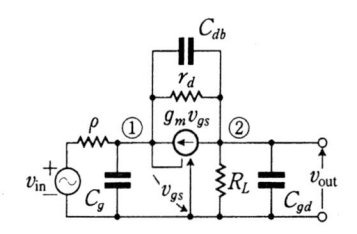

**図 4.8** ゲート接地増幅回路の高周波等価回路

節点①並びに②についてキルヒホフの電流則を適用すると

$$\frac{v_{in}+v_{gs}}{\rho}+g_m v_{gs}+(v_{out}+v_{gs})\left(\frac{1}{r_d}+j\omega C_{db}\right)+j\omega C_g v_{gs}=0 \tag{4.28}$$

$$\left(\frac{1}{R_L}+j\omega C_{gd}\right)v_{out}+g_m v_{gs}+(v_{out}+v_{gs})\left(\frac{1}{r_d}+j\omega C_{db}\right)=0 \tag{4.29}$$

という関係式が得られる.式 (4.29) から $v_{gs}$ は

$$v_{gs}=-\frac{r_d+R_L+j\omega(C_{gd}+C_{db})r_d R_L}{R_L(1+g_m r_d+j\omega C_{db}r_d)}v_{out} \tag{4.30}$$

となる.これを式 (4.28) に代入すると,電圧利得 $A_v$ を

$$A_v=\frac{R_L(1+g_m r_d+j\omega C_{db}r_d)}{(1+j\omega C_g\rho)\{r_d+R_L+j\omega(C_{gd}+C_{db})r_d R_L\}+\rho(1+j\omega C_{gd}R_L)(1+g_m r_d+j\omega C_{db}r_d)} \tag{4.31}$$

と求めることができる.

ソースフォロワと同様に,$j\omega$ の 2 次以上の項を無視し,さらに,

$$\omega \ll \frac{1+g_m r_d}{C_{db}r_d} \tag{4.32}$$

と近似すると，電圧利得 $A_v$ は

$$A_v = \frac{R_L(1+g_m r_d)}{r_d + R_L + \rho(1+g_m r_d)} \cdot$$

$$\frac{1}{1+j\omega\left[\dfrac{\{C_g(r_d+R_L)+C_{gd}R_L(1+g_m r_d)+C_{db}r_d\}\rho+(C_{gd}+C_{db})r_d R_L}{r_d+R_L+\rho(1+g_m r_d)} - \dfrac{C_{db}r_d}{1+g_m r_d}\right]}$$

(4.33)

となる．したがって，直流利得 $A_0$ 並びにしゃ断周波数 $f_C$ は

$$A_0 = \frac{R_L(1+g_m r_d)}{r_d+R_L+\rho(1+g_m r_d)} \qquad (4.34)$$

$$f_C = \frac{1}{2\pi\left[\dfrac{\{C_g(r_d+R_L)+C_{gd}R_L(1+g_m r_d)+C_{db}r_d\}\rho+(C_{gd}+C_{db})r_d R_L}{r_d+R_L+\rho(1+g_m r_d)} - \dfrac{C_{db}r_d}{1+g_m r_d}\right]}$$

(4.35)

である．

〔問 4.4〕 式 (4.35) から，ゲート接地増幅回路のしゃ断周波数を求めよ．ただし，$R_L$ を 50 kΩ，$r_d$ を 1 MΩ とし，他の素子値は問 4.3 と同じとする．

## 4.3 ゼロ時定数解析法

4.2 節の解析は，回路規模が小さいわりに複雑である．しかも，これらの解析からは，回路の動作についての直感的な理解が難しい．さらに，縦続接続型の増幅回路のように回路規模が大きくなると，もはや人手では解析が困難となってくる．そこで，ゼロ時定数解析法と呼ばれる簡単な近似解析手法について説明する．

一般に増幅回路の利得 $A$ を $\omega$ の関数として

$$A = A_0 \frac{\left(1 + \dfrac{j\omega}{\omega_{z1}}\right)\left(1 + \dfrac{j\omega}{\omega_{z2}}\right)\cdots\left(1 + \dfrac{j\omega}{\omega_{zm}}\right)}{\left(1 + \dfrac{j\omega}{\omega_{p1}}\right)\left(1 + \dfrac{j\omega}{\omega_{p2}}\right)\cdots\left(1 + \dfrac{j\omega}{\omega_{pn}}\right)} \qquad (4.36)$$

と表すことができる．この式は$j\omega$の有理多項式であるが，実際の回路では，分子は定数であることや，前節で示したように分子を定数と近似できる場合が多い．そこで，式 (4.36) の分子を定数として

$$A = \frac{A_0}{\left(1 + \dfrac{j\omega}{\omega_{p1}}\right)\left(1 + \dfrac{j\omega}{\omega_{p2}}\right)\cdots\left(1 + \dfrac{j\omega}{\omega_{pn}}\right)} \qquad (4.37)$$

と近似する．さらに，実際の回路では，多くの場合$\omega_{pi}(i=1\sim n)$の中で他と比べて特に小さいものが存在する．そこで，$\omega_{p1}$を最も小さいとして

$$\omega_{p1} \ll \omega_{pi} \qquad (i = 2, 3, \cdots, n) \qquad (4.38)$$

とし，また，角周波数$\omega$も

$$\omega \ll \omega_{pi} \qquad (i = 2, 3, \cdots, n) \qquad (4.39)$$

という範囲にあるとすれば，$A$を

$$A = \frac{A_0}{1 + \dfrac{j\omega}{\omega_{p1}}} \qquad (4.40)$$

と近似することができる．式 (4.40) から，しゃ断周波数$f_C$は近似的に

$$f_C = \frac{\omega_{p1}}{2\pi} \qquad (4.41)$$

であることがわかる．

一方，式 (4.37) の分母を展開すると

$$A = \frac{A_0}{1 + a_1(j\omega) + a_2(j\omega)^2 + \cdots + a_n(j\omega)^n} \qquad (4.42)$$

と表すこともできる．ここで，式 (4.38) と式 (4.39) の近似を再度用いれば，$j\omega$の2乗以上の項は無視できるので

$$A = \frac{A_0}{1 + a_1(j\omega)} \tag{4.43}$$

となる．したがって，式 (4.40) と式 (4.43) との比較から近似的に

$$\omega_{p1} = \frac{1}{a_1} \tag{4.44}$$

が成り立つ．

以上から，たとえ回路が複雑な場合も，前節でのソースフォロワやゲート接地増幅回路の解析のように，利得の分母多項式の $j\omega$ の 1 次の係数さえ求めれば，しゃ断周波数の近似値をただちに求めることができることがわかる．

ここで，図 4.9 に示すように，増幅回路を電圧制御電流源などを含む抵抗回路網と容量からなる回路と考え，上述の近似を用いてみよう．図 4.9 の回路において，一般に利得 $A$ を

$$A = \frac{A_0}{1 + j\omega C_1 R_1 + j\omega C_2 R_2 + \cdots + j\omega C_n R_n + D_1(j\omega)} \tag{4.45}$$

と表すことができる．ただし，分子は一般には $j\omega$ の多項式であるが，ここでは式 (4.37) と同様に，定数と近似している．また，$D_1(j\omega)$ は $j\omega$ の 2 次以上の項からなる多項式であり，各項の係数は必ず容量値の積の項を含んでいる．ここで，たとえば $C_1$ 以外の容量をすべて零とすると，$D_1(j\omega)$ は零となる．また，$A$ は

$$A = \frac{A_0}{1 + j\omega C_1 R_1} \tag{4.46}$$

となる．

一方，テブナンの定理によって，図 4.9 の 1-1′ から右側の回路を適当な値の電圧源と 1-1′ から右側を見込んだ抵抗 $R_{in1}$ によって表すことができる．これを図 4.10 に示す．出力端子の位置により利得 $A$ の分子 $A_0$ の値は変わるものの，分母は出力端子をどこに選んでもすべて等しくなることが知られている．そこで，出力を 1-1′ の電圧 $v_1$ とすれば，$v_1$ は

$$v_1 = \frac{1}{1+j\omega C_1 R_{\text{in}1}} v_0 \tag{4.47}$$

となる．式 (4.46) と式 (4.47) の比較から，式 (4.46) の抵抗値 $R_1$ は，容量 $C_1$ が接続されている端子 1–1′ から見た入力抵抗 $R_{\text{in}1}$ であることがわかる．他の容量についても同様のことを行えば，式 (4.45) のすべての容量値と抵抗値の積 $C_i R_i (i=1 \sim n)$ が得られる．さらに，式 (4.43) と式 (4.45) との比較から，

$$a_1 = C_1 R_1 + C_2 R_2 + \cdots + C_n R_n \tag{4.48}$$

であることがわかる．したがって，しゃ断周波数 $f_C$ の近似値は

$$f_C = \frac{1}{2\pi a_1} \tag{4.49}$$

となる．

図 4.9　高周波領域における増幅回路の等価表現

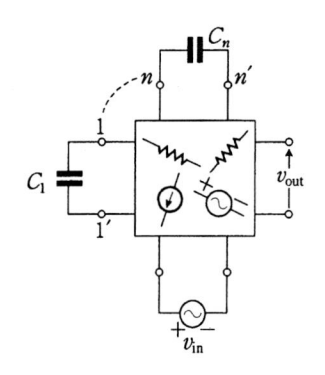

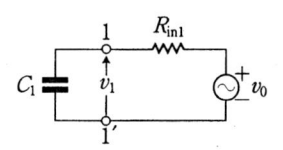

図 4.10　$C_1$ 以外の容量値が零の場合の図 4.9 の等価回路

式 (4.48) の計算は，抵抗回路網の入力抵抗を求めるだけであるから比較的容易であり，$a_1$ の値がわかればただちに式 (4.49) からしゃ断周波数の近似値を求めることができる．注意しなければならないことは，式 (4.41) や (4.44) の結果は，分子が定数であるという近似，$\omega_{pi}(i=1 \sim n)$ の中に他と比べて特に小さい $\omega_{p1}$ が存在するという近似を用いて得られたということである．用いた近似が成り立たないような状況では，前節で行ったように，煩雑ではあ

## 4.4 カスコード増幅回路とその高周波特性

るがキルヒホフの法則などを用いて解析しなければならない．

ソース接地増幅回路は入力インピーダンスが高く，電圧増幅に適しているものの，ミラー効果のためゲート–ドレイン間の容量の影響が大きい．特に高利得の増幅回路を実現する場合，その高周波特性が著しく劣る．ミラー効果の問題を避けるためには，ドレインの電位を大きく変化させずに，ドレイン電流を負荷抵抗に流せばよい．ゲート接地増幅回路は入力インピーダンスが低いため，ソース接地増幅回路のドレイン端子と負荷抵抗の間に挿入すれば，ミラー効果の影響を緩和することができる．しかも，ゲート接地増幅回路の電流利得は 1 倍であるので，ソース接地増幅回路のドレイン電流は減衰することなくそのまま負荷抵抗に流れる．

このような考え方により実現された増幅回路を図 4.11 に示す．図 4.11 の回路はカスコード増幅回路と呼ばれている．この増幅回路は図 3.15 の増幅回路と基本的な考え方は同じである．図 3.15 の増幅回路と異なる点は，ソース接地増幅回路の負荷抵抗 $R_{L1}$ が取り除かれ，ゲート接地増幅回路がソース接地増幅回路の負荷抵抗となっていることである．

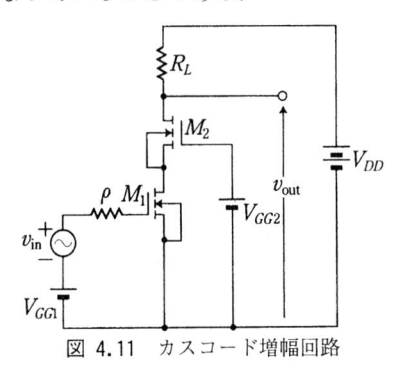

図 4.11 カスコード増幅回路

ソース接地増幅回路では，ゲート–ドレイン間の容量の影響が支配的であるので，ここではゲート–ドレイン間容量 $C_{gd}$ の影響だけについて考えてみよう．

また，簡単のため，ドレイン抵抗も十分大きいとして無視すると，カスコード増幅回路の近似小信号等価回路として図 4.12 が得られる．

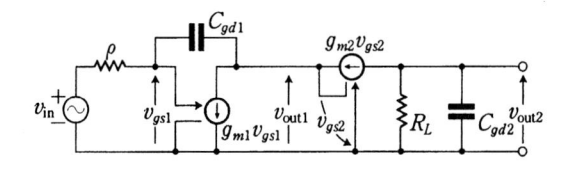

**図 4.12** カスコード増幅回路の近似高周波等価回路

まず，図 4.12 において，直流，すなわち $C_{gd1}$ を零とした場合，電流源 $g_{m1}v_{gs1}$ と電流源 $g_{m2}v_{gs2}$ の電流値は等しくなければならない．また，$v_{\text{out1}} = -v_{gs2}$ であるので，電圧 $v_{\text{out1}}$ は

$$v_{\text{out1}} = -\frac{g_{m1}}{g_{m2}} v_{gs1} \tag{4.50}$$

となる．したがって，初段のソース接地増幅回路は直流では $-\dfrac{g_{m1}}{g_{m2}}$ 倍の逆相増幅回路として動作しているので，ミラー効果を考慮すると $C_{gd1}$ は $1+\dfrac{g_{m1}}{g_{m2}}$ 倍される．このことを考慮した場合，初段増幅回路の電圧利得 $A_{v1} = \dfrac{v_{\text{out1}}}{v_{\text{in}}}$ は近似的に

$$A_{v1} = -\frac{g_{m1}}{g_{m2}\left\{1+j\omega\left(1+\dfrac{g_{m1}}{g_{m2}}\right)C_{gd1}\rho\right\}} \tag{4.51}$$

となる．

次に，2 段目の増幅回路の電圧利得 $A_{v2} = \dfrac{v_{\text{out2}}}{v_{\text{out1}}}$ を求める．$v_{\text{out2}}$ は，電流 $g_{m2}v_{gs2} = -g_{m2}v_{\text{out1}}$ が抵抗 $R_L$ と $C_{gd2}$ の並列回路から流れ出てきたことによって生じた電圧であるので，電圧利得 $A_{v2}$ は

$$A_{v2} = \frac{g_{m2}R_L}{1+j\omega C_{gd2}R_L} \tag{4.52}$$

となる．したがって，カスコード増幅回路全体の電圧利得 $A_v = \dfrac{v_{\text{out2}}}{v_{\text{in}}}$ を

## 4.4 カスコード増幅回路とその高周波特性

$$A_v = \frac{-g_{m1}R_L}{\left\{1+j\omega\left(1+\dfrac{g_{m1}}{g_{m2}}\right)C_{gd1}\rho\right\}(1+j\omega C_{gd2}R_L)} \quad (4.53)$$

と求めることができる．

ここで，式 (4.53) において，$\omega=0$ とすると，直流利得 $A_0$ は

$$A_0 = -g_{m1}R_L \quad (4.54)$$

となり，$g_{m2}$ とは無関係であることがわかる．そこで，たとえば $g_{m1}$ と $g_{m2}$ を等しく選ぶと，ミラー効果による $C_{gd1}$ の等価的な容量値は $C_{gd1}$ の2倍となる．一方，ソース接地増幅回路の場合は，ゲート-ドレイン間容量が $1+g_mR_L$ 倍される．一般に，$1+g_mR_L \gg 2$ であるため，カスコード増幅回路はソース接地増幅回路よりも周波数特性に優れ，しかも高い電圧利得を持っている．

カスコード増幅回路のボード線図の概略を図 4.13 に示す．ただし，図 4.13 において $f_{C1}$ 並びに $f_{C2}$ は

$$f_{C1} = \frac{1}{2\pi\left(1+\dfrac{g_{m1}}{g_{m2}}\right)C_{gd1}\rho} \quad (4.55)$$

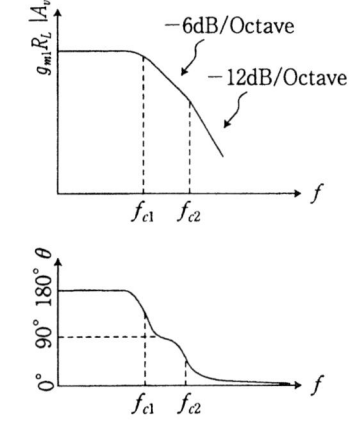

図 4.13 カスコード増幅回路の周波数特性の概略

$$f_{C2} = \frac{1}{2\pi C_{gd2} R_L} \tag{4.56}$$

である．

一般に，電圧利得の分子が定数で，分母が $\omega$ の $n$ 次式の場合，横軸を対数とすると振幅特性は $n$ 段の折れ線に近似することができる．また，その傾きは，約 $-6\,\mathrm{dB/Octave}^\dagger$，$-12\,\mathrm{dB/Octave}$，$\cdots$，$-6n\,[\mathrm{dB/Octave}]$ と変化する．一方，位相特性は，直流での値から最大 $-90n$ 度変化することが知られている．

〔問 4.5〕 式 (4.55) 並びに式 (4.56) から $f_{C1}, f_{C2}$ を求めよ．ただし，素子値はトランジスタ $M_1, M_2$ でともに等しく，問 4.4 と同じとする．

〔問 4.6〕 図 4.11 のカスコード増幅回路の位相は，十分高い周波数では，近似的に直流での値から何度変化するか．

## 演 習 問 題

4.1 内部抵抗が零の場合，ソースフォロワの電圧利得が周波数にかかわらず常に一定となるための条件を求めよ．ただし，MOS トランジスタの等価回路は図 4.3 とする．

4.2 図 4.3 の MOS トランジスタの高周波等価回路を用いて，図 4.11 のカスコード増幅回路のしゃ断周波数 $f_C$ をゼロ時定数解析法により求めよ．ただし，$R_L=50\,\mathrm{k\Omega}$，$\rho=50\,\mathrm{k\Omega}$，$g_m=400\,\mu\mathrm{S}$，$r_d=1\,\mathrm{M\Omega}$，$C_g=0.2\,\mathrm{pF}$，$C_{gd}=0.05\,\mathrm{pF}$，$C_{db}=0.05\,\mathrm{pF}$ とする．

4.3 図 4.E1 のソース接地増幅回路について，次の 3 種類の測定を行った．MOS トランジスタのドレイン電流 $I_D$ が $I_D = K(V_{GS}-V_T)^2(1+\lambda V_{DS})$ という式に従うものとして，以下の問に答えよ．

　　測定 1：$V_{GG}$ が 1.2 V，$R_L$ が 100 kΩ のとき，ドレイン-ソース間電圧 $V_{DS}$ が 5.17 V，しゃ断周波数が 7.02 MHz であった．

---

† たとえば，"$-6\,\mathrm{dB/Octave}$" とは，周波数が 2 倍になると $-6\,\mathrm{dB}$ 変化することを表す．

測定2：$V_{GG}$ が 1.2 V，$R_L$ が 50 kΩ のとき，ドレイン-ソース間電圧 $V_{DS}$ が 7.41 V，しゃ断周波数が 10.2 MHz であった．

測定3：$V_{GG}$ が 1.5 V，$R_L$ が 50 kΩ のとき，ドレイン-ソース間電圧 $V_{DS}$ が 4.05 V であった．

（1） 測定結果から $\lambda$ および $K$, $V_T$ を求めよ．

（2） MOSトランジスタの高周波等価回路が図 4.E2 であり，ソース接地増幅回路の高周波等価回路が図 4.5 であるとして，測定結果からゲート-ソース間容量 $C_{gs}$ 並びにゲート-ドレイン間容量 $C_{gd}$ を求めよ．ただし，図 4.5 の $C_g$ を $C_{gs}$ とする．

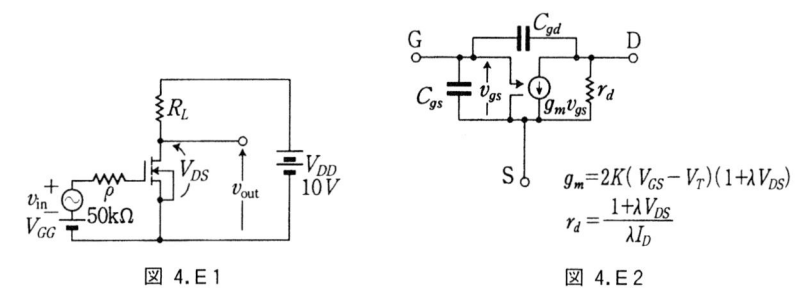

図 4.E1

図 4.E2

$g_m = 2K(V_{GS} - V_T)(1+\lambda V_{DS})$

$r_d = \dfrac{1+\lambda V_{DS}}{\lambda I_D}$

4.4 図 4.E3 に示す増幅回路の電圧利得 $A_v = \dfrac{v_{\text{out}}}{v_{\text{in}}}$ をミラー効果による近似を用いて求めよ．また，直流利得並びにしゃ断周波数はいくらか．ただし，図 4.E3 はバイアス回路を省略しており，n チャネル並びに p チャネルトランジスタの等価回路はいずれも図 4.E2 とし，n チャネル並びに p チャネルトランジスタの $g_m$ は 100 μS と 80 μS，$r_d$ は 1 MΩ と 0.5 MΩ，$C_{gs}$ と $C_{gd}$ はいずれのトランジスタにおいても 0.5 pF と 0.03 pF とする．

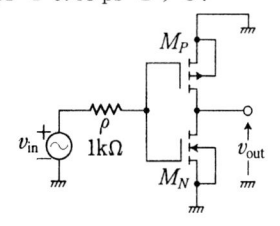

図 4.E3

4.5 図 4.E4 はソースフォロワとソース接地増幅回路を 2 段縦続接続して実現した増幅回路である．以下の問に答えよ．ただし，すべての MOS トランジスタの

トランスコンダクタンス係数を $60\,\mu\mathrm{S/V}$,しきい電圧を $0.3\,\mathrm{V}$ とし,また,高周波等価回路は図 4.E 2 とする.

(1) 図 4.E 4 のトランジスタはすべて飽和領域で動作している.2 乗則を用いて直流電位 $V_{S1}$ 並びに $V_{D3}$ を求めよ.ただし,チャネル長変調効果による直流電位の偏差は十分小さいものとして,無視してよい.

(2) 図 4.E 2 の MOS トランジスタの高周波等価回路から各トランジスタの $g_m$ 並びに $r_d$ を求めよ.ただし,$\lambda$ を $0.02\,\mathrm{V}^{-1}$ とする.

(3) 電圧利得 $A_v = \dfrac{v_{\mathrm{out}}}{v_{\mathrm{in}}}$ を求め,適当な近似を用いることにより,直流利得並びにしゃ断周波数を求めよ.ただし,$C_{gs}$ を $0.2\,\mathrm{pF}$, $C_{gd}$ を $0.01\,\mathrm{pF}$ とする.

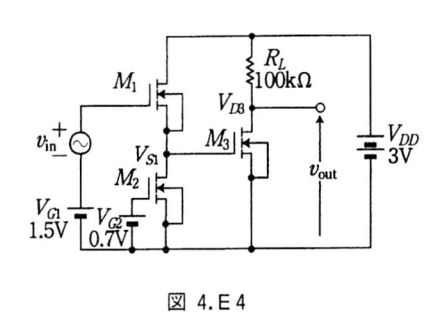

図 4.E 4

# 5 集積化基本回路

　集積回路は，それぞれ別個に作られた素子，いわゆる個別部品を集めて作られた回路と異なり，抵抗やトランジスタ，さらには配線までも一括に実現されている．このため，集積回路は個別部品を用いた回路と大きく特徴が異なる．本章では集積回路の特徴について述べ，集積回路上での実現に適した基本回路について説明する．

## 5.1　集積回路の概要

　集積回路は，ウェーハと呼ばれるほぼ円形で極めて平坦なシリコンの上の，チップと呼ばれる長方形の領域内に作られる．ウェーハの概略を図 5.1 に示す．図 5.1 において黒い影の部分は十分な面積がなく，チップが取り出せない部分である．一般に 1 枚のウェーハからは数十から数百のチップを取り出すことができる．1 枚のウェーハを作製するためのコストが同じならば，取り出すことのできるチップの数が多ければ多いほど，チップ 1 個当たりの単価が安くなる．すなわち，集積回路では，主としてチップの面積がコストを決定している．し

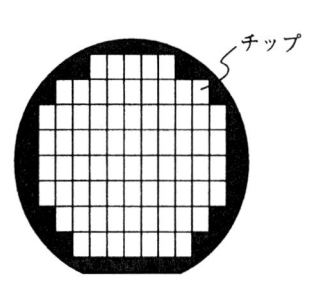

図 5.1　ウェーハの概略

たがって，集積回路においては，素子数ではなく，いかに小さな面積で回路を実現するかが低コスト化のために重要となる．

集積回路の作製は，トランジスタや配線をマスクパターンと呼ばれるフィルムのようなものを通して順序よく作ることにより行われる．一般にプロセスと呼ばれるこの作製工程の精度により，集積回路上に実現できる素子の大きさや配線幅の最小値などが決まることになる．集積回路は，個別部品を用いた回路と異なり，極めて小型でしかも信頼性も高い．また，寄生容量が少ないことから高速化にも適している．

MOSトランジスタのゲートを実現するための金属の代わりに，不純物を多量に加えて抵抗率を下げた多結晶シリコン，いわゆるポリシリコンが用いられる．図5.2は，ポリシリコンを用いた抵抗の実現の概略を示している．抵抗を形成するポリシリコンは，2層の酸化物によって挟まれ，他から電気的に分離されている．このポリシリコンは酸化物中のビアと呼ばれる穴を通じて，より抵抗分の低いアルミニウムなどの金属に接続され，他の素子と配線される．単位面積当たりの抵抗値$R_\square$はシート抵抗と呼ばれている．シート抵抗を用いると長さ$L$，幅$W$の抵抗の値$R$は

$$R = \frac{L}{W} R_\square \tag{5.1}$$

と表される．実際には，金属との接続部分付近の抵抗分も存在するが，近似的に式 (5.1) を用いることができる．

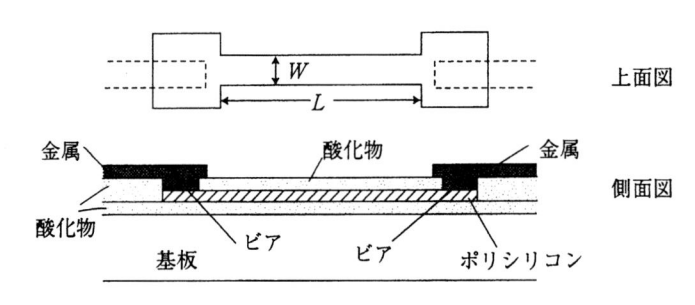

図 5.2 集積回路における抵抗の実現

## 5.1 集積回路の概要

図5.2以外にも，n型半導体やp型半導体それ自体を抵抗として利用したものや，nチャネルトランジスタとpチャネルトランジスタを分離するためのウェルを利用した抵抗などがある．

抵抗は，その値が大きすぎたり小さすぎたりすると，その実現に広いチップ面積を必要とし，コストが増大する．このため，特に高抵抗の素子を実現するためには，図5.2のように抵抗を実現するのではなく，トランジスタで代用することもある．

容量を集積回路上に実現した場合の概略を図5.3に示す．図5.3ではポリシリコンの層を2層用いて，容量の両端子を自由に使うことのできる，いわゆる非接地の容量を実現している．この2層のポリシリコンの重なり部分が容量を形成している．マスクパターンに多少ずれがあってもいいように，周辺部に余裕を持たせている．一般に容量はトランジスタや抵抗と比較して大きな面積を必要とするので，集積回路上では大きな値の容量を用いることは避けることが好ましい．また，平面上に回路を構成するため，立体的な構造であるインダクタの実現も困難である．

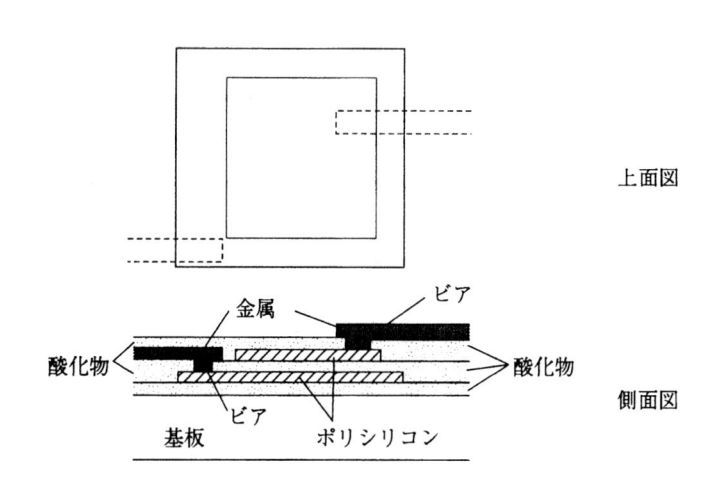

図 5.3 集積回路における容量の実現

集積回路上に素子を実現する場合の問題点として，その値を正確に定めるこ

とができないことが挙げられる．たとえば，10 kΩ の抵抗を実現しようとした場合，その値は 8 kΩ になったり 11 kΩ になったりし，値に関する精度が低い．一方，10 kΩ の抵抗を 2 個同時に実現しようとした場合には，それらの値は正確には定まらないものの，ほぼ同じ値，たとえば 10.90 kΩ と 11.05 kΩ となる．このように，集積回路では同種の素子の相関が高く，素子値の比に関する精度，すなわち，相対値精度が高い．

〔問 5.1〕 シート抵抗が 50 Ω であるとする．10 kΩ の抵抗を実現するために必要な面積はいくらか．ただし，金属との接続の部分の抵抗値は無視してよく，また最小線幅を 2 $\mu$m とする．

〔問 5.2〕 1 $\mu$m$^2$ あたりの容量値が 1 fF であるとする．1 pF の容量を実現するためにはどれだけの面積が必要か．また，チップが縦，横ともに 2.5 mm とすると，最大何 pF の容量を実現できるか．ただし，容量値と直接関係しない周辺部分の面積は無視してよい．

## 5.2 差動増幅回路

差動増幅回路は，アナログ集積回路の実現において欠くことのできない基本回路である．ここでは，構造の簡単な差動増幅回路を例にとり，解析手法やその特性について述べる．

### 5.2.1 差動増幅回路の解析

図 5.4 に示す増幅回路は，差動増幅回路の基本回路である．一般に，差動増幅回路を構成している 2 個のトランジスタは差動対と呼ばれている．また，ソース端子が接続されているため，差動増幅回路をソースカップルドペアと呼ぶこともある．

差動増幅回路の最大の特徴は構造の対称性である．この対称性を利用することにより，容易に増幅回路の諸特性を求めることができる．図 5.5 に図 5.4 の

## 5.2 差動増幅回路

差動増幅回路の小信号等価回路を示す．

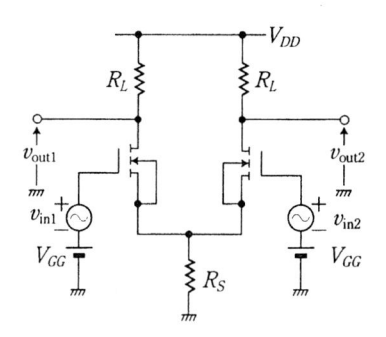

図 5.4 差動増幅回路

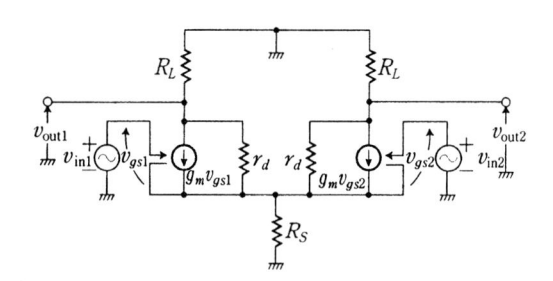

図 5.5 差動増幅回路の小信号等価回路

一般に，入力電圧 $v_{in1}$ と $v_{in2}$ は

$$v_d = \frac{v_{in1} - v_{in2}}{2} \tag{5.2}$$

$$v_c = \frac{v_{in1} + v_{in2}}{2} \tag{5.3}$$

という2個の成分 $v_d$ および $v_c$ に分けることができる．すなわち，$v_{in1}$ と $v_{in2}$ を常に

$$v_{in1} = v_d + v_c \tag{5.4}$$

$$v_{in2} = -v_d + v_c \tag{5.5}$$

と表すことができる．$v_d$ および $v_c$ は，それぞれ差動入力電圧，同相入力電圧

と呼ばれている．小信号等価回路は，トランジスタの特性をバイアス点で直線近似して得られた回路であるから，線形回路である．したがって，「重ね合わせの理」が成り立つ．重ね合わせの理が成り立つ回路では，$v_d$ および $v_c$ を同時に考えずに一方のみが存在する場合について解析し，その結果を加えることで $v_d$ と $v_c$ が同時に存在する場合の結果を求めることができる．

まず，$v_d$ だけが加えられている場合について考えてみよう．このとき $v_c$ の値は零であるので，回路上では短絡となる．小信号等価回路を図5.6に示す．図5.6の回路は点線 A–A′ に関して対称であり，左右の入力端子に $v_d$ 並びに $-v_d$ の電圧が加えられているため，左半分のある節点の電位が上昇すれば右半分の対応する節点の電位が下がり，逆に左半分のある節点の電位が下がれば右半分の対応する節点の電位が上昇することになる．電流に関しても全く同様である．たとえば，図5.6の左側のトランジスタのソース端子から流れ出た電流 $i_{sl}$ はすべて右側のソース端子に入る．逆に，右側のソース端子から流れ出た電流 $i_{sr}$ はすべて左側のソース端子に入る．すなわち，常に

$$i_{sl} = -i_{sr} \tag{5.6}$$

が成り立つ．したがって，抵抗 $R_S$ に流れる電流 $i_{RS}$ は

$$i_{RS} = 0 \tag{5.7}$$

となる．このため，抵抗 $R_S$ の両端には電位差が発生せず，常に電位が零となる．

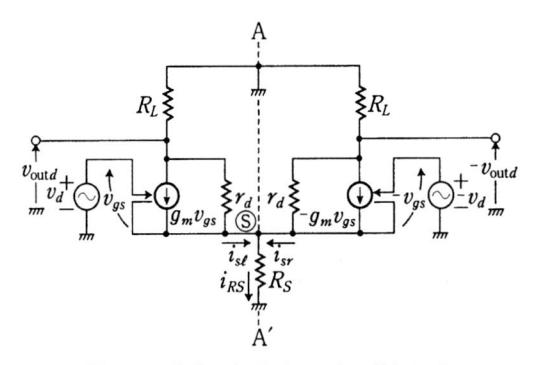

図 5.6 差動入力電圧に関する等価回路

## 5.2 差動増幅回路

ここで,節点Ⓢについて考えてみよう.左側,右側どちらの回路から見ても,節点Ⓢには入力電圧などによって定まる任意の電流 $i_{sl}$ や $i_{sr}$ が流れ込み,しかも節点Ⓢの電位は常に零である.したがって,左右の入力端子に $v_d$ 並びに $-v_d$ の電圧が加えられた場合,節点Ⓢは等価的に接地と考えられる.このことから,図 5.6 の回路を点線 A–A′ で 2 分することができ,一方の回路の電圧や電流を求めれば,他方の回路の電圧や電流はすでに求めた回路の電圧や電流に負号をつければよい.したがって,一方の回路のみ解析すれば十分である.一般に,このように差動入力電圧を考えたとき,2 分して得られた回路の一つを差動半回路と呼ぶ.

図 5.6 の回路を 2 分して得た差動半回路を図 5.7 に示す.この回路は図 3.3 のソース接地増幅回路の小信号等価回路と同じである.したがって差動入力電圧 $v_d$ に対する電圧利得である,差動利得 $A_d$ は,図 3.4 との比較から

$$A_d = \frac{v_{outd}}{v_d} = -\frac{g_m r_d R_L}{r_d + R_L} \tag{5.8}$$

となる.

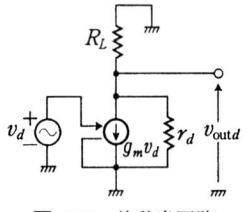

図 5.7 差動半回路

次に,$v_c$ だけが加えられている場合について考えてみよう.このときは $v_d$ が短絡となる.小信号等価回路を図 5.8 に示す.図 5.8 の回路も点線 A–A′ に関して対称である.左右の入力端子に全く同一の電圧 $v_c$ が加えられているため,左半分と右半分の回路の対応する節点の電位の変化も同じである.左右の対応する部分での電位の変化が同じであるから,電流は左右どちらへも流れることはない.図 5.9 に示す回路は 2 本の点線が接続されていれば,図 5.8 の回路と全く同じ回路である.しかし,上述の説明からわかるように,節点Ⓢₗと

$\text{\textcircled{S}}_{1r}$ や節点 $\text{\textcircled{S}}_{2\ell}$ と $\text{\textcircled{S}}_{2r}$ の間には電流が流れることがないので，これらの点線はなくても回路の電圧や電流に影響を与えることはない．分断された左右の回路は全く同一であるから，左右の回路のどちらか一方のみを解析すればよい．この一方の回路を同相半回路と呼ぶ．

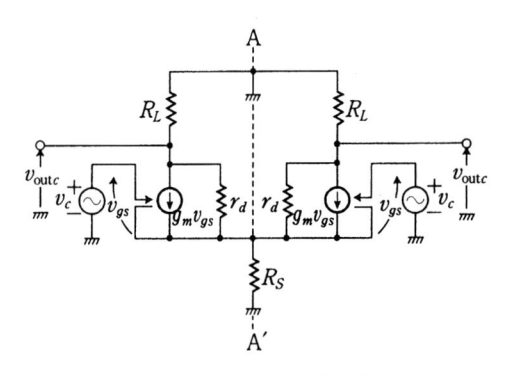

図 5.8 同相入力電圧に関する等価回路

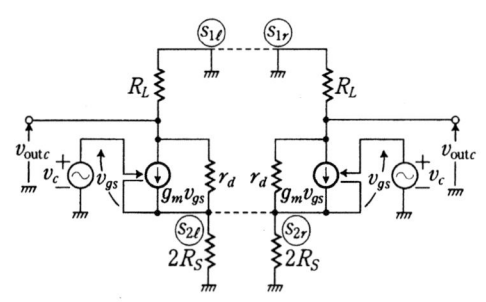

図 5.9 図 5.8 の等価表現（同相半回路）

ここで同相入力電圧 $v_c$ に対する電圧利得である，同相利得 $A_c$ を求める．図 5.9 から

$$v_c = v_{gs} + 2R_S \left( g_m v_{gs} + \frac{v_{\text{out}c} - v_c + v_{gs}}{r_d} \right) \tag{5.9}$$

$$v_{\text{out}c} = -R_L \frac{v_c - v_{gs}}{2R_S} \tag{5.10}$$

という関係があることがわかる．したがって，$A_c$ は

## 5.2 差動増幅回路

$$A_c = \frac{v_{\text{outc}}}{v_c} = -\frac{g_m r_d R_L}{r_d + R_L + 2R_S(1+g_m r_d)} \tag{5.11}$$

となる．

重ね合わせの理から $v_{\text{in1}}$ と $v_{\text{in2}}$ の両方が加えられた場合の出力電圧 $v_{\text{out1}}$ は，$v_d$ および $v_c$ の一方だけが加えられた場合の出力電圧の和である．式 (5.8) および式 (5.11) から出力電圧 $v_{\text{out}}$ を

$$v_{\text{out1}} = v_{\text{outd}} + v_{\text{outc}} = A_d v_d + A_c v_c \tag{5.12}$$

と求めることができる．また，$v_{\text{out2}}$ は $v_d$ に負の符号がついていることに注意すると

$$v_{\text{out2}} = -v_{\text{outd}} + v_{\text{outc}} = -A_d v_d + A_c v_c \tag{5.13}$$

となる．

ここで用いた，差動成分と同相成分に分けるという解析手法は，図 5.4 の差動増幅回路だけでなく，構造が対称な線形回路であればどの回路にも用いることができる．すなわち，差動成分だけを考える場合は回路の対称線上のすべての節点を接地し，同相成分だけを考えている場合は回路の対称線で分断し，いずれの場合も左右どちらかのみを解析し，その結果の和や差をとればよい．

---

〔問 5.3〕 抵抗 $R_L$ を 50 kΩ，抵抗 $R_S$ を 30 kΩ，$g_m$ を 400 μS，$r_d$ を 1 MΩ とした場合，図 5.4 の差動増幅回路の差動利得並びに同相利得を求めよ．

### 5.2.2 差動増幅回路の評価尺度

差動増幅回路は，その名の通り，信号として 2 個の入力電圧の差を増幅することを目的とした回路である．これに対して，温度等によるしきい電圧の変化は，後述するように理想的には同相成分である．もし同相利得が十分に低ければ，たとえ温度が変化しても出力端子のバイアス状態は安定し，容易に差動成分である出力信号を取り出すことができる．このような理由から，同相利得は差動利得に比べて十分低いことが望まれる．そこで，差動増幅回路を評価する尺度として同相除去比（Common-Mode Rejection Ratio ； CMRR）が用いられ

る.同相除去比 CMRR は差動利得 $A_d$ および同相利得 $A_c$ を用いて

$$\mathrm{CMRR} = \frac{A_d}{A_c} \tag{5.14}$$

と定義される.たとえば,図 5.4 の差動増幅回路の CMRR を求めると

$$\mathrm{CMRR} = 1 + 2R_S \frac{1+g_m r_d}{r_d + R_L} \tag{5.15}$$

となる.

　式 (5.15) の CMRR を大きくするためには $g_m$ または $R_S$ を大きくすればよい.2 乗則が成り立つとすると $g_m$ は,式 (1.8) 並びに式 (2.18) から

$$g_m = 2\sqrt{KI_D} \tag{5.16}$$

となる.したがって,$g_m$ を大きくするためには,トランジスタのドレイン電流やチャネル幅を増加させればよい.しかし,ドレイン電流を大きくすると抵抗 $R_S$ の電圧降下が大きくなり,電源電圧の制約からドレイン電流を極端に大きくすることはできない.チャネル幅についても面積などの制約から極端に大きな値は取れない.一方,抵抗 $R_S$ の値を大きくする場合でも,ドレイン電流の場合と同様に電源電圧の制約からその値を極端に大きくすることはできない.このため,CMRR を十分に大きくするためには回路的な工夫が必要であり,これについては次節で述べる.

〔問 5.4〕　図 5.4 の差動増幅回路の CMRR を求めよ.ただし,素子値は問 5.3 と同じとする.

### 5.2.3　差動増幅回路の特徴

　差動増幅回路の最大の特徴は差動利得が大きく,同相利得が小さいことである.すなわち,CMRR が大きいことである.ソース接地増幅回路の場合は,入力端子であるゲート端子の電位の変化が信号による変化であるか,温度等によるしきい電圧などの変化によるものであるか区別することができない.集積回路上で近い場所に配置された素子の特性は極めて揃い,また,温度変化や経年

変化なども同じであると考えられる．このような集積回路の性質から，差動増幅回路では，何らかの原因で生じた素子パラメータの偏差によるバイアス状態の変化は，2個の入力端子で同じように起こると考えることができる．しかも同相利得が小さいため，左右同じに起こったゲート電位の変化は出力端子へ伝わりにくい．一方，入力電圧の差を信号として与えれば，ソース接地増幅回路と同様に，大きな差動利得によって容易に出力に伝達される．

## 5.3 バイアス回路

今まで述べてきた回路ではトランジスタはすべて飽和領域で動作するものとしてきた．飽和領域でトランジスタを動作させるためには，適切なバイアス設定が必要である．トランジスタをバイアスするための回路には直流での電流値を決める直流電流源回路と直流での電位を決める直流電圧源回路がある．本節ではMOSトランジスタの特徴を利用したこれらの回路について説明する．

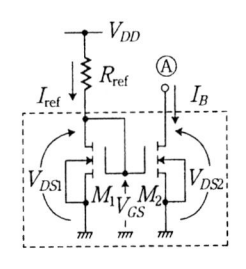

### 5.3.1 直流電流源回路
（1）基本直流電流源回路

最も簡単な直流電流源回路を図5.10に示す．エンハンスメント型MOSトランジスタである$M_1$はそのゲート端子とドレイン端子が短絡されているので

$$V_{DS1} = V_{GS} > V_{GS} - V_{T1} \tag{5.17}$$

が成り立ち，飽和領域で動作する．ただし，$V_{T1}$は$M_1$のしきい電圧である．

図 5.10 直流電流源回路

また，$M_2$ のゲート-ソース間電圧が $M_1$ のそれと常に等しいので

$$V_{DS2} > V_{GS} - V_{T2} \tag{5.18}$$

の範囲でトランジスタ $M_2$ も飽和領域で動作する．ただし，$V_{T2}$ は，$M_1$ の場合と同様に，$M_2$ のしきい電圧である．

式 (5.18) に示される，$M_2$ が飽和領域で動作する範囲内にそのドレイン端子Ⓐの電位があるとすれば，$M_1, M_2$ どちらのトランジスタについても飽和領域におけるドレイン電流の特性式を用いることができる．

ここでは，簡単のため，ドレイン電流の特性式として2乗則を用いてみよう．ゲート端子には電流は流れないので，$M_1$ のドレイン電流は抵抗 $R_{ref}$ を流れる電流 $I_{ref}$ に等しく，

$$I_{ref} = K_1(V_{GS} - V_{T1})^2 \tag{5.19}$$

となる．一方，$M_2$ のドレイン電流 $I_B$ は

$$I_B = K_2(V_{GS} - V_{T2})^2 \tag{5.20}$$

となる．ここで，$K_1$ や $K_2$ はキャリアの移動度や単位面積当たりのゲート酸化膜容量，チャネル幅，チャネル長で決まる定数である．集積回路では，同一ウェーハ上，特に同一チップ上の同種の素子の特性は非常によく揃うので，キャリアの移動度や単位面積当たりのゲート酸化膜容量などのプロセスから定まるパラメータも等しいと考えてよい．しきい電圧についても同様で，$V_{T1}$ と $V_{T2}$ が等しいとしてよい．したがって，$I_B$ は

$$I_B = \frac{K_2}{K_1} I_{ref} \tag{5.21}$$

となる．このように $I_B$ は $K_1$ と $K_2$ の比，すなわち，2個のトランジスタのチャネル幅とチャネル長の比により定まる．

また，$I_{ref}$ は，$R_{ref}$ での電圧降下と $V_{GS}$ の和が電源電圧 $V_{DD}$ に等しいので

$$V_{DD} = R_{ref} I_{ref} + V_{GS} \tag{5.22}$$

が成り立ち，この式に式 (5.19) を代入して解けば $V_{GS}$ や $I_{ref}$ を求めることができる．

$I_{ref}$ の値によっては抵抗 $R_{ref}$ の値が大きくなることがある．大きな抵抗値はチップ面積の増大につながるので避けることが好ましい．この問題を回避する

ために，図 5.11 に示すように，抵抗の代わりに非飽和領域で動作する MOS トランジスタを用いることが多い．図 5.11 では，トランジスタ $M_P$ が非飽和領域で動作し，図 5.10 の抵抗 $R_{ref}$ の代わりに用いられている．図 5.11 において $I_{ref}$ は，$M_P$ が非飽和領域で動作しているので，表 1.1 の p チャネルトランジスタの非飽和領域の式から求めることができる（章末問題 5.3 を参照）．

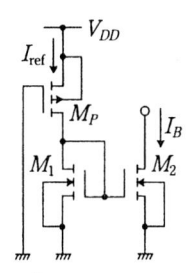

図 5.11 抵抗の代わりに p チャネル MOS トランジスタを用いた直流電流源回路

### （2） 複数直流電流源回路の構成

直流電流源回路が同時に複数個必要な場合，図 5.10 や図 5.11 の回路を複数個用いるのではなく，図 5.12 のように構成する．図 5.12 では，すべての MOS トランジスタのゲート-ソース間電圧は同じなので，各トランジスタのトランスコンダクタンス係数 $K$ を適当に選択することにより，参照電流 $I_{ref}$ に比例した電流が複数得られる．

### （3） 直流電流源回路の応用

直流電流源は，2 章でも述べたように，直流電流は流すが，交流電流は流さない．すなわち，交流信号に関しては開放と考えることができる．このことを

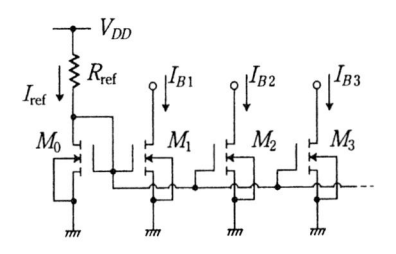

図 5.12 複数直流電流源の構成

利用すると，差動増幅回路の CMRR を大幅に改善することができる．

図 5.4 の差動増幅回路の CMRR を決定している素子の一つが抵抗 $R_S$ である．この抵抗は差動増幅回路の 2 個のトランジスタに適当なドレイン電流を流す役割をしているだけである．したがって，図 5.13 に示すように，抵抗 $R_S$ と同じドレイン電流を流す直流電流源回路で置き換えることができる．直流電流源は小信号等価回路上では開放であるから，理想的には $R_S$ が無限大となったことに相当する．実際には直流電流源の出力抵抗が有限であるので，$R_S$ がこの値の抵抗に置き換わったことになる．

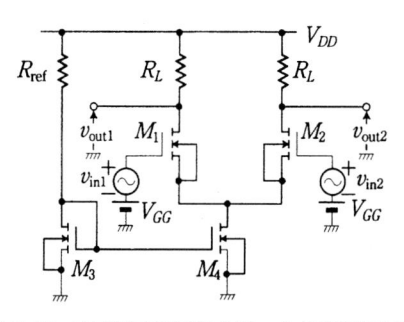

図 5.13 直流電流源回路を用いた差動増幅回路

ここで，図 5.10 の直流電流源回路の小信号特性について考えてみよう．図 5.14 に図 5.10 の小信号等価回路を示す．図 5.14 では，ゲート-ソース間電圧 $v_{gs1}$ と $v_{gs2}$ は等しく，抵抗 $R_{\mathrm{ref}}$ や $r_{d1}$ に信号電流が流れていないため，それらに加わる電圧はともに零となる．この結果，電流源 $g_{m1}v_{gs1}$ や $g_{m2}v_{gs2}$ も零となるため，直流電流源回路の端子Ⓐより見た小信号に関する等価抵抗が $r_{d2}$ であることがわかる．一般にドレイン抵抗 $r_d$ は $R_S$ よりも非常に大きいため，直流電流源回路を用いることにより CMRR を大幅に改善することができる．

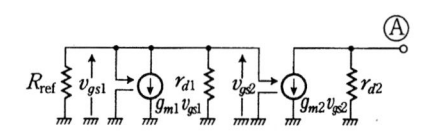

図 5.14 図 5.10 の小信号等価回路

## 5.3 バイアス回路

直流電流源回路の同じような応用として,能動負荷と呼ばれる手法がある.図 5.15 では,p チャネル MOS トランジスタで構成した直流電流源回路 $M_2$, $M_3$ と $R_{\text{ref}}$ がソース接地増幅回路の負荷抵抗の代わりとして用いられている.この場合も,小信号等価回路上では直流電流源回路は大きな抵抗値を示すので,高い電圧利得が得られる.

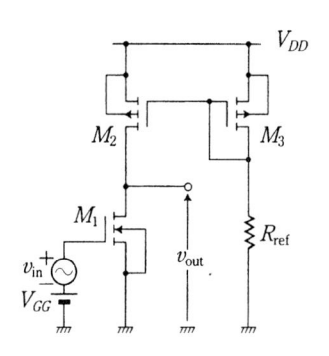

図 5.15 能動負荷を用いたソース接地増幅回路

図 5.10 において $K_1$ と $K_2$ とを等しくすると $I_B$ と $I_{\text{ref}}$ が等しくなる.$I_{\text{ref}}$ が $I_B$ に写されるという意味から,$K_1$ と $K_2$ を等しくした点線内の回路はカレントミラー回路と呼ばれている.

図 5.16 に示すように,カレントミラー回路は電流の減算を行うときに有用である.図 5.16 において,トランジスタ $M_1$ と $M_2$ はカレントミラー回路を構

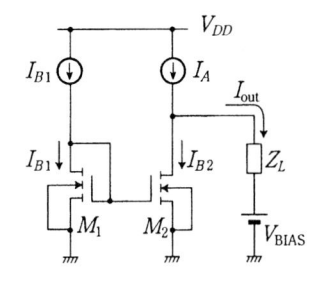

図 5.16 カレントミラー回路による電流の減算

成しているので $I_{B1}$ と $I_{B2}$ は常に等しい．また，$I_A$ は電流源であるから，$I_\text{out}$ は

$$I_\text{out} = I_A - I_{B1} \tag{5.23}$$

とならなければならない．この結果，$I_A$ と $I_{B1}$ の差の電流 $I_\text{out}$ が適当にバイアスされた負荷（または回路）である $Z_L$ に流れ込むことになる．

　カレントミラー回路を利用すると差動増幅回路において同相成分を除去することができる．図 5.17 に p チャネル MOS トランジスタを用いたカレントミラー回路を差動増幅回路の負荷とした回路を示す．差動増幅回路の 2 個のトランジスタに流れている小信号電流 $i_{d1}, i_{d2}$ は，それらの正方向を考慮し，式 (5.12) 並びに式 (5.13) を $-R_L$ で割って

$$i_{d1} = \frac{v_\text{outd} + v_\text{outc}}{-R_L} \tag{5.24}$$

$$i_{d2} = \frac{-v_\text{outd} + v_\text{outc}}{-R_L} \tag{5.25}$$

と表すことができる．カレントミラー回路を用いてこれらの電流の差をとれば，出力電流 $i_\text{out}$ は

$$i_\text{out} = i_{d1} - i_{d2} = -\frac{2\,v_\text{outd}}{R_L} \tag{5.26}$$

となる．この電流が図 5.17 の負荷 $R_L$ に流れ込むので，小信号出力電圧 $v_\text{out}$ は

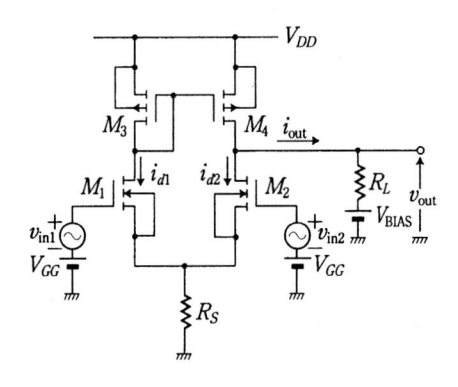

図 5.17　カレントミラー回路を用いた差動増幅回路

$$v_{\text{out}} = R_L i_{\text{out}} = -2\, v_{\text{out}d} = -2 A_d v_d \tag{5.27}$$

となり，差動信号成分のみを取り出すことができる．

---

〔問 5.5〕 図5.10において，$V_{DD}=3.0\,\text{V}$，$V_T=0.8\,\text{V}$，$K_1=250\,\mu\text{S/V}$，$R_{\text{ref}}=200\,\text{k}\Omega$のとき，2乗則が成り立つとして，$I_{\text{ref}}$を求めよ．

### 5.3.2 直流電圧源回路

直流電圧源回路は，たとえばゲート接地増幅回路のゲート端子の電位を一定に保つために用いられたり，増幅回路を縦続接続する際に増幅回路間の出力と入力の電位を合わせるために用いられる．図5.10の抵抗$R_{\text{ref}}$とトランジスタ$M_1$からなる部分も，$M_2$のゲート端子の電位を定める直流電圧源回路と見なすことができる．

MOSトランジスタのゲート端子には電流が流れないため，MOSアナログ回路の直流電圧源は，電源$V_{DD}$を除き，直流電位を決めるだけで，直流電圧源から電流を取り出さない場合が多い．たとえば，図5.18に示すように，$I_1, I_2, \cdots, I_n$が零であり，すべてのトランジスタのチャネル幅並びにチャネル長が等しければ，各節点の電位$V_1, V_2, \cdots, V_n$は

$$\begin{aligned} V_1 &= \frac{V_{DD}}{n+1} \\ V_2 &= \frac{2 V_{DD}}{n+1} \\ &\vdots \\ V_n &= \frac{n V_{DD}}{n+1} \end{aligned} \tag{5.28}$$

となる．このように電源$V_{DD}$の電圧を適当に分圧することにより，直流電圧源回路を簡単に実現することができる．さらに，各トランジスタのチャネル幅やチャネル長を適当に変えれば様々な値の直流電位が得られる．

図5.18の回路は電源電圧$V_{DD}$が変動すると，その変動が各電位に伝わってしまう．このような問題点を取り除いた回路として図5.19の回路がある．図

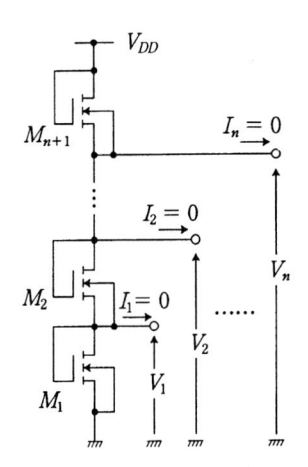

図 5.18 直流電圧源回路の構成(1)

5.19 において MOS トランジスタ $M_2$ はディプリーション型トランジスタであるため、ゲート-ソース間電圧が零でもトランジスタには電流が流れ、ドレイン-ソース間電圧がこのトランジスタのしきい電圧の絶対値よりも大きければ飽和領域で動作する。そこで 2 乗則を仮定すると $M_2$ のドレイン電流 $I_{D2}$ は

$$I_{D2} = K_2 V_{T2}^2 \tag{5.29}$$

となる。また、$M_1$ のドレイン電流 $I_{D1}$ は

$$I_{D1} = K_1 (V_1 - V_{T1})^2$$

であり、電流 $I_1$ が零ならば、$I_{D1}$ と $I_{D2}$ は等しいので

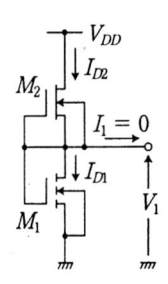

図 5.19 直流電流源回路の構成(2)

が成り立つ．この式から $V_1$ は

$$V_1 = \sqrt{\frac{K_2}{K_1}}|V_{T2}| + V_{T1} \tag{5.31}$$

となり，電源電圧 $V_{DD}$ が変化しても一定電位を保つことができる．

増幅回路を縦続接続する場合に，増幅回路間の出力端子と入力端子の電位を合わせなければならない場合がある．この場合には，図 5.20 の回路が有用である．この回路はソースフォロワの一種である．図 5.20 の回路で各トランジスタのチャネル幅並びにチャネル長が等しいとすると，電流 $I_1$ が零であるならば，2 個のトランジスタに流れる電流は等しいので 2 乗則から

$$K(V_{\text{shift}} - V_T)^2 = K(V_C - V_T)^2 \tag{5.32}$$

が成り立ち，$V_{\text{shift}}$ と $V_C$ が等しくなることがわかる．この $V_C$ を適当に与えることにより，端子Ⓐ とⒷ の間で $V_C$ だけ，直流電位をシフトすることができる．このため図 5.20 の回路をレベルシフト回路と呼ぶことがある．

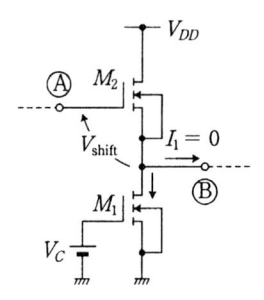

図 5.20 レベルシフト回路の構成

〔問 5.6〕 図 5.19 において，$V_1$ が 1.2 V となるように設計したい．$V_{T1} = 0.8$ V，$K_1 = 50\,\mu\text{S/V}$，$V_{T2} = -0.2$ V のとき，$K_2$ の値を求めよ．ただし，$V_{DD}$ の値は十分に大きいとしてよい．

## 演習問題

**5.1** 図5.4の差動増幅回路において抵抗$R_L$が100 kΩ，抵抗$R_S$が30 kΩ，トランスコンダクタンス係数$K$が200 μS/V，しきい電圧$V_T$が0.8 V，$V_{DD}$が10 V，$V_{GG}$が4.3 Vであるとする．また，トランジスタの特性は2乗則とする．
(1) トランジスタのドレイン，ゲート，ソースの電位を求めよ．
(2) しきい電圧$V_T$が2.5 mV/℃の温度係数を有しているものとする．このとき，(1)の状態から温度が20℃変化したとする．トンランジスタのドレインの電位を求めよ．
(3) 図2.1のソース接地増幅回路において$V_{in}=1.3$ Vとし，図5.4の差動増幅回路と同じ$R_L$や$K$などを用いると，トランジスタのバイアス状態が同じになり，電圧利得も図5.4の差動利得と同じになることを確認せよ．次に温度が20℃変化し，しきい電圧も変化した場合の出力電位を求めよ．
(4) 以上の結果から，温度変化に対する差動増幅回路とソース接地増幅回路の特徴の違いを述べよ．

**5.2** 図5.4の差動増幅回路においても基板効果の影響を無視することができないとして差動増幅回路の差動利得並びに同相利得を求めよ．ただし，抵抗$R_L$を100 kΩ，抵抗$R_S$を30 kΩとする．また，トランジスタの小信号等価回路を図2.7とし，$g_m$を200 μS，$g_{mb}$を-10 μS，$r_d$を1 MΩとする．

**5.3** 図5.11の回路において，$I_{ref}=8$ μAとなるように，トランジスタ$M_P$のチャネル長を定めよ．ただし，$V_{DD}$は5.0 Vであり，$M_P$のチャネル幅を2.0 μm，単位トランスコンダクタンス係数を10 μS/V，しきい電圧を-0.8 Vとし，$M_1, M_2$のトランスコンダクタンス係数を12.5 μS/V，しきい電圧を0.8 Vとする．また，チャネル長変調効果は無視してよい．

**5.4** 図5.E1の回路において電位$V_1$を求めよ．ただし，トランジスタの特性として2乗則が成り立ち，しきい電圧はすべて等しく$V_T$とし，トランジスタ$M_1$のトランスコンダクタンス係数$K_1$は$M_2$のトランスコンダクタンス係数$K_2$よりも大きく，$M_3$と$M_4$のトランスコンダクタンス係数は互いに等しいものとする．

**5.5** 図5.E2 (a)はウィルソンカレントミラー回路と呼ばれる回路である．ただし，バイアス回路は省略している．図5.E2 (b)のトランジスタの小信号等価回路を用いて電流利得$A_i = \dfrac{i_{out}}{i_{in}}$を求めよ．また，負荷抵抗$R_L$を除去し，入力電流$i_{in}$

を零とした場合の出力抵抗 $\left.\dfrac{v_{\text{out}}}{i_{\text{out}}}\right|_{i_{\text{in}}=0}$ も求めよ．

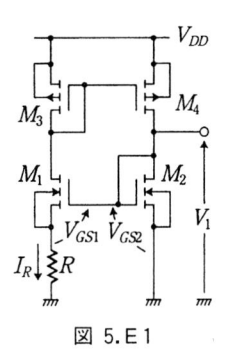

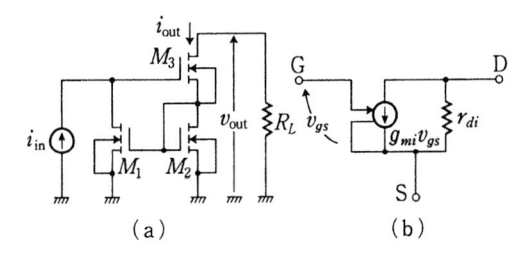

図 5.E1

(a)　(b)

図 5.E2

# 6 負帰還回路と発振回路

前章までにおいて，MOSアナログ回路の基本回路やその特徴について述べてきた．集積回路上に，ある機能を持った回路を実現する場合，より理想に近い特性が望まれることが多い．本章では，特性の優れた回路を実現するための代表的な回路技術である負帰還回路について説明する．また，帰還回路の一種である発振回路についても述べる．

## 6.1 負帰還回路技術

トランジスタの伝達コンダクタンス $g_m$ は温度により変化し，また，時間の経過とともに特性劣化が生じる．しかし，たとえトランジスタの $g_m$ などが変化しても回路の特性がほとんど変化せずに安定であることが望まれる．特性を安定化させる方法の一つに負帰還回路技術がある．負帰還回路技術は特性を安定化させるばかりでなく，回路の帯域幅を広げたり，信号のひずみや雑音を低減することもできる．本節ではこの負帰還回路技術について述べる．

### 6.1.1 負帰還回路の原理

図 6.1 に負帰還回路の原理図を示す．図 6.1 のように，信号間の関係を表す図を一般にブロック線図と呼んでいる．三角形は増幅部を表し，その利得は $A$ である．図 6.1 において $s_\text{in}, s_\text{out}, s_i$ は信号である電圧または電流を表している．

出力信号 $s_\text{out}$ は，中間部の信号 $s_i$ を用いて

$$s_\text{out} = A s_i \tag{6.1}$$

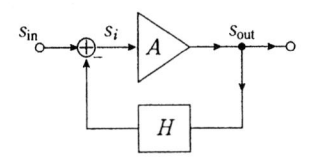

図 6.1 負帰還回路の原理図

となる．一方，四角形は減衰部を表し，その利得が $H$ である．また，⊕は加減算を表し，マイナスの符号のある減衰部からの信号は入力信号 $s_{in}$ から減算されることを表す．したがって $s_i$ を

$$s_i = s_{in} - H s_{out} \tag{6.2}$$

と表すことができる．式 (6.1) 並びに式 (6.2) から全体の伝達特性 $G$ は

$$G = \frac{s_{out}}{s_{in}} = \frac{A}{1+AH} \tag{6.3}$$

となる．

図 6.1 では，$A$ は増幅部の利得であり，$H$ は減衰部の利得であるから

$$A > 1 \tag{6.4}$$

$$0 < H < 1 \tag{6.5}$$

と仮定することができる．ここで，さらに $A$ と $H$ の積が

$$AH \gg 1 \tag{6.6}$$

であると仮定しよう．式 (6.6) を用いて式 (6.3) の伝達特性 $G$ を近似すると

$$G = \frac{1}{H} \tag{6.7}$$

を得る．$H$ は式 (6.5) を満足するので伝達特性 $G$ は 1 倍よりも大きくなり，増幅作用があることがわかる．しかも式 (6.7) は，式 (6.6) の条件の下で，負帰還増幅回路の伝達特性が減衰部の利得 $H$ のみで決まることを表している．このことは，一般に特性が偏差しやすい増幅部の利得は，ただ単に式 (6.6) を満足するように大きくするだけでよく，実現が容易な減衰部の利得 $H$ のみ

を正確にしておけば高い精度で入力信号を増幅することができることを表している.

ここでは,簡単のため,$A$ 並びに $H$ を正と仮定したが,負帰還回路とは,図 6.1 の $s_i$ が,増幅部,減衰部を通り,帰還された場合に,帰還される前と帰還された後でその正負の符号が反転している回路である.別の言い方をすれば,$A$ と $H$ と減衰部の出力の加減算を表す符号(図 6.1 のマイナス符号)の 3 個の積が負である回路を負帰還回路という.したがって,一般の負帰還回路では,式 (6.6) ではなく

$$|AH| \gg 1 \tag{6.8}$$

が成り立てば,負帰還回路の伝達特性は $H$ のみで決まることになる.また,増幅部と減衰部の利得の積 $AH$ はループ利得と呼ばれ,負帰還回路の特性を決める重要なパラメータである.

### 6.1.2 素子値偏差による特性変動の減少

増幅部の利得 $A$ の偏差の影響と減衰部の利得 $H$ の偏差の影響の違いをより詳しく調べてみよう.素子値の偏差が特性に与える影響を調べる有効な方法に,素子感度がある.ある素子の値 $x$ が $\Delta x$ だけ偏差したとすると,微分を用いることにより,$x$ の関数 $F$ は

$$\Delta F = \frac{\partial F}{\partial x} \Delta x \tag{6.9}$$

だけ変化すると近似することができる.この式から,素子値 $x$ の相対的な偏差 $\frac{\Delta x}{x}$ と関数 $F$ の相対的な偏差 $\frac{\Delta F}{F}$ は

$$\frac{\Delta F}{F} = S_x^F \cdot \frac{\Delta x}{x} \tag{6.10}$$

という関係にあることがわかる.ただし,$S_x^F$ は相対素子感度と呼ばれ,

$$S_x^F = \frac{x}{F} \cdot \frac{\partial F}{\partial x} \tag{6.11}$$

と定義される.この相対素子感度の絶対値が小さければ小さいほど,素子値が

変わっても関数 $F$ で表される特性が変化しにくいことになる．

相対素子感度を用いて，式 (6.3) から $A$ 並びに $H$ に対する $G$ の相対素子感度を求めると

$$S_A^G = \frac{1}{1+AH} \tag{6.12}$$

$$S_H^G = \frac{-AH}{1+AH} \tag{6.13}$$

となる．これらの式を $|AH| \gg 1$ を用いて近似すると

$$S_A^G = 0 \tag{6.14}$$

$$S_H^G = -1 \tag{6.15}$$

となり，明らかに $S_A^G$ の絶対値が $S_H^G$ の絶対値よりも小さいことがわかる．

〔問 6.1〕 $A = 10\,000$，$H = 0.01$ として $G$ を式 (6.3) から求めよ．また，$A$ や $H$ がそれぞれ 10% 増加した場合，$G$ はどうなるか．

### 6.1.3 増幅回路の帯域幅の拡大

第4章でも示したように，一般に増幅回路はほぼ一定の利得で増幅を行うが，ある周波数を過ぎると徐々にその絶対値が減少する．負帰還回路も同様に増幅部の利得 $A$ は

$$A = \frac{A_0}{1+\dfrac{jf}{f_C}} \tag{6.16}$$

という特性を持つと近似することができ，しゃ断周波数 $f_C$ 近辺から増幅部の利得の絶対値の減少が顕著となる．ただし，$A_0$ は増幅部の直流利得である．

また，減衰部の利得 $H$ のしゃ断周波数は，一般に増幅部の利得 $A$ のそれよりもはるかに高いので，$H$ は定数と近似することができる．このような特性の増幅部と減衰部を持つ負帰還回路の伝達特性 $G$ は式 (6.3) から

$$G = \frac{G_0}{1+j\dfrac{f}{(1+A_0H)f_C}} \qquad (6.17)$$

となる.ただし,$G_0$ は

$$G_0 = \frac{A_0}{1+A_0H} \qquad (6.18)$$

であり,負帰還回路の直流利得である.

式 (6.16) が増幅部で増幅可能な周波数が $f_C$ までであることを表しているとすると,式 (6.16) と式 (6.17) の比較から,式 (6.17) は負帰還回路全体では増幅可能な周波数が $(1+A_0H)$ 倍されることを表している.一方,式 (6.18) は直流での利得が $\dfrac{1}{1+A_0H}$ 倍となることを表している.したがって,負帰還回路の直流利得としゃ断周波数の積は

$$G_0(1+A_0H)f_C = A_0 f_C \qquad (6.19)$$

となり,増幅部の直流利得としゃ断周波数の積に等しい.

このように負帰還回路は直流での利得を犠牲にして帯域幅を拡大することができる.

〔問 6.2〕 $A_0=500$,$H=0.2$,$f_C=100\,\text{Hz}$ として負帰還回路の直流利得およびしゃ断周波数を求めよ.

### 6.1.4 出力ひずみの低減

小信号等価回路に基づく設計では,トランジスタの特性を直線近似しているため,増幅回路は信号の大きさに関わらず一定の利得で信号を増幅する.しかし,実際にはトランジスタの特性は直線的ではないため,信号の大きさが大きくなればなるほど信号がひずむことになる.特に,増幅回路の出力では信号が最も大きくなるので,そのひずみも大きい.図 6.2 に示すように,増幅利得 $G$ の増幅回路の出力にひずみ $d_\text{out}$ が加わったと考え,図 6.2 を解析してみよう.

この場合，出力信号 $s_{out}$ を

$$s_{out} = Gs_{in} + d_{out} \tag{6.20}$$

と表すことができる．一方，図 6.3 に示すように，負帰還回路も同様に，増幅部の出力にひずみ $d_{out}$ が加わったとすると

$$s_{out} = As_i + d_{out} \tag{6.21}$$
$$s_i = s_{in} - Hs_{out} \tag{6.22}$$

となる．式 (6.21) と (6.22) から $s_i$ を消去すると

$$s_{out} = \frac{A}{1+AH} s_{in} + \frac{1}{1+AH} d_{out} \tag{6.23}$$

を得る．

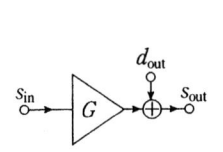

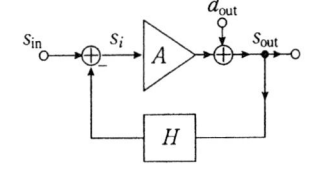

図 6.2 出力ひずみを考慮した増幅回路

図 6.3 増幅部の出力ひずみを考慮した負帰還回路

$\frac{A}{1+AH}$ を $G$ と等しくし，式 (6.20) と式 (6.23) の $s_{in}$ も同じにすれば，負帰還回路のひずみは一般の増幅回路のひずみの $\frac{1}{1+AH}$ 倍となり，減少することがわかる．また，ひずみ $d_{out}$ は雑音と考えても全く同様のことが成り立つので，負帰還回路は出力に加わる雑音の低減にも効果がある．

〔問 6.3〕 入力に加わるひずみや雑音に関する負帰還の効果について考えてみよ．

## 6.1.5 入出力インピーダンスの改善

負帰還回路は，増幅部の入力端子において加減算を行う信号を電流にするか，

電圧にするか，さらに，出力端子において帰還させる信号を電圧にするか電流にするかによって，図 6.4 に示すように 4 種類に分けることができる．図 6.4 からわかるように，回路の接続により入力部で電圧または電流の減算が行われている．

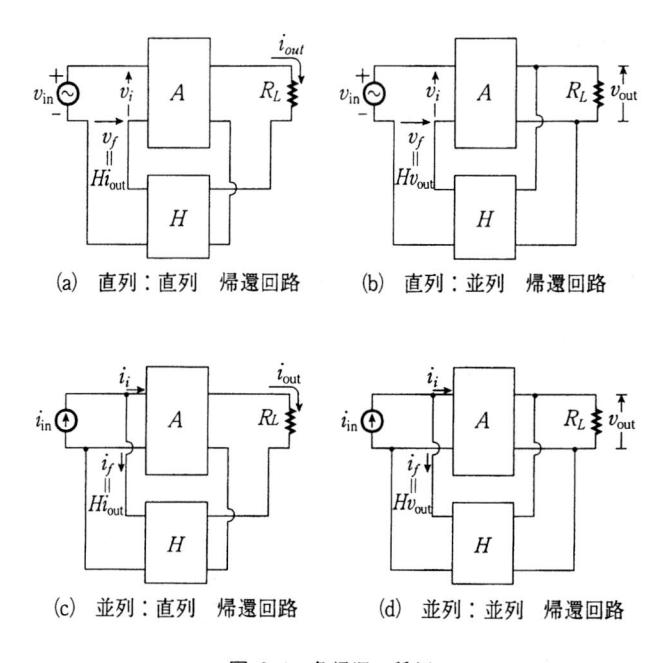

(a) 直列：直列　帰還回路

(b) 直列：並列　帰還回路

(c) 並列：直列　帰還回路

(d) 並列：並列　帰還回路

図 6.4　負帰還の種類

これら 4 種類の負帰還回路は，全く同じ負帰還回路の特徴（素子値変動の影響の減少，帯域幅の拡大，出力ひずみの低減）を持っている．しかし，入力インピーダンスと出力インピーダンスについてはその特徴が異なる．

一例として，図 6.4(b) の直列-並列帰還回路について入力インピーダンスと出力インピーダンスを計算してみよう．増幅部 $A$ の入力インピーダンスが $Z_i$，出力インピーダンスが $Z_o$ である増幅回路であると仮定すると，図 6.5 の回路を得る．図 6.5 では，減衰部を等価的に電圧制御電圧源 $Hv_\text{out}$ で表している．

出力電圧 $v_{\text{out}}$ は，増幅部の入力に加わる電圧 $v_i$ により

$$v_{\text{out}} = A\frac{R_L}{Z_o + R_L} v_i \tag{6.24}$$

と表される．また，増幅部の出力インピーダンス $Z_o$ が負荷抵抗 $R_L$ よりも十分小さいならば，式 (6.24) を

$$v_{\text{out}} = A v_i \tag{6.25}$$

と近似することができる．一方，入力電流 $i_i$ は，増幅部の入力インピーダンス $Z_i$ に流れる電流であるから

$$i_i = \frac{v_i}{Z_i} \tag{6.26}$$

となる．また，$v_i$ は

$$v_i = v_{\text{in}} - H v_{\text{out}} \tag{6.27}$$

であるから，式 (6.25)〜式(6.27) より

$$Z_{\text{in}} = \frac{v_{\text{in}}}{i_i} = Z_i(1 + AH) \tag{6.28}$$

を得る．

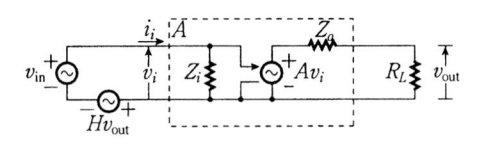

図 6.5 直列-並列帰還回路の解析

出力インピーダンスは図 6.6 の回路から求めることができる．ただし，図 6.6 では，負帰還回路の特徴をより明確にするために，負荷抵抗 $R_L$ をはずしている．図 6.6 において

$$v_i = -H v_{\text{out}} \tag{6.29}$$

であるから，$i_{\text{out}}'$ は

$$i_{\text{out}}' = \frac{v_{\text{out}} - Av_i}{Z_o} = \frac{(1+AH)}{Z_o} v_{\text{out}} \tag{6.30}$$

となる．したがって，出力インピーダンス $Z_{\text{out}}$ は

$$Z_{\text{out}} = \frac{v_{\text{out}}}{i_{\text{out}}'} = \frac{Z_o}{1+AH} \tag{6.31}$$

となる．ただし，増幅回路全体としては，この $Z_{\text{out}}$ に負荷抵抗 $R_L$ が並列に加わったものが出力インピーダンスとなる．

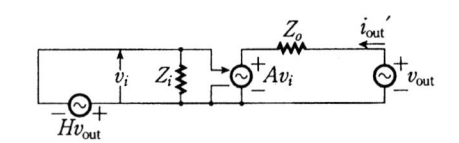

図 6.6　図 6.5 の出力抵抗を求めるための回路

図 6.4 (b) を例題として負帰還回路の入出力インピーダンスを求めたが，一般に他の負帰還回路の場合でも，入力側でも出力側でも，並列接続の場合は入力インピーダンスや出力インピーダンスが $\dfrac{1}{1+AH}$ 倍され，直列接続の場合は $1+AH$ 倍される．したがって，入出力インピーダンスの希望の値に応じて図 6.4 の接続を使い分ければよい．

### 6.1.6　負帰還増幅回路の例

図 6.7 はソース接地増幅回路を 3 段縦続接続して実現した，並列-並列帰還型負帰還増幅回路である．ただし，図 6.7 では信号成分に関連した部分だけを表しており，バイアス回路は省略している．

図 6.7 の各段の増幅回路の電圧利得 $A_i$ は式 (3.8) で与えられ，

$$A_i = -\frac{g_m r_d R_L}{r_d + R_L} \tag{6.32}$$

である．したがって，$v_i$ から $v_{\text{out}}$ への利得 $A$ は

となる.また,$v_i$ は

$$A = \frac{v_{\text{out}}}{v_i} = A_i{}^3 = -\left(\frac{g_m r_d R_L}{r_d + R_L}\right)^3 \tag{6.33}$$

となる.また,$v_i$ は

$$v_i = \frac{R_F v_{\text{in}}}{R_F + R_I} + \frac{R_I v_{\text{out}}}{R_F + R_I} \tag{6.34}$$

となる.一般に,$R_F \gg R_I$ が成り立つので,式 (6.34) は

$$v_i = v_{\text{in}} + \frac{R_I}{R_F} v_{\text{out}} \tag{6.35}$$

と近似することができる.図 6.7 の回路では,図 6.1 の加減算部の減算が加算になっていることに注意し,式 (6.35) と式 (6.2) を比較すると,減衰部の利得 $H$ が

$$H = \frac{R_I}{R_F} \tag{6.36}$$

であることがわかる.

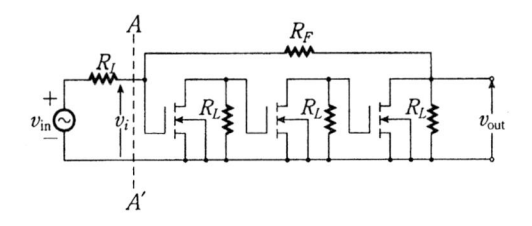

図 6.7 並列-並列帰還回路の一例

式 (6.33) を式 (6.35) に代入することにより,図 6.7 の回路の電圧利得 $G$ を

$$G = -\frac{\dfrac{(g_m r_d R_L)^3}{(r_d + R_L)^3}}{1 + \dfrac{(g_m r_d R_L)^3 R_I}{(r_d + R_L)^3 R_F}} \tag{6.37}$$

と求めることができる.この式において,分母の第 2 項が 1 よりも十分大きい

とすれば，式 (6.37) は式 (6.36) で与えられる $H$ の逆数に負号を付けた値に近似できる．

図 6.7 の負帰還回路は並列-並列帰還型であるから，入力インピーダンスは $\dfrac{1}{1+AH}$ 倍されるはずである．しかしながら，$R_I$ は帰還ループの外にあるため，負帰還の効果が現れない．$R_F$ については，$R_F$ の両端の電位差 $v_F$ が

$$v_F = (1-A)v_i \tag{6.38}$$

となるため，破線 A–A′ から右側を見込んだインピーダンス $Z_{\text{in}}'$ が

$$Z_{\text{in}}' = \frac{R_F}{1-A} = \frac{R_F}{1+\dfrac{(g_m r_d R_L)^3}{(r_d+R_L)^3}} \tag{6.39}$$

となり，負帰還の効果が現れている．なお，図 6.7 の負帰還増幅回路の入力インピーダンス $Z_{\text{in}}$ は

$$Z_{\text{in}} = R_I + Z_{\text{in}}' \tag{6.40}$$

となる．

最後に出力インピーダンスを求める．図 6.8 に出力インピーダンスを求めるための小信号等価回路を示す．図 6.8 から $i_{\text{out}}'$ は抵抗 $R_F$ や $r_d$，$R_L$ を流れる成分並びに電圧制御電流源の電流に分けることができる．したがって，$i_{\text{out}}'$ を

$$i_{\text{out}}' = \frac{v_{\text{out}}}{R_F + R_I} + \frac{v_{\text{out}}}{(r_d // R_L)} + g_m (A_i)^2 \frac{R_I}{R_F + R_I} v_{\text{out}} \tag{6.41}$$

と表すことができる．一般に $R_F$ と $R_I$ の直列抵抗は，$r_d$ と $R_L$ の並列抵抗よりも十分大きいので，式 (6.41) の第 1 項の電流は小さい．そこで，第 1 項を無視し，$R_F \gg R_I$ と近似すると，出力インピーダンス $Z_{\text{out}}$ は

$$Z_{\text{out}} = \frac{1}{\dfrac{1}{r_d} + \dfrac{1}{R_L} + g_m A_i^2 \dfrac{R_I}{R_F}} \tag{6.42}$$

となる．図 6.8 において負帰還がかかっていない場合，すなわち，$R_F$ が無限大の場合の出力インピーダンスが $r_d$ と $R_L$ の並列抵抗であることを考慮すると，

式 (6.42) を

$$Z_\text{out} = \frac{\dfrac{r_d R_L}{r_d + R_L}}{1 + g_m \dfrac{r_d R_L}{r_d + R_L} A_i^2 \dfrac{R_I}{R_F}} \tag{6.43}$$

と変形することができる．この式の分母は

$$1 + g_m \frac{r_d R_L}{r_d + R_L} A_i^2 \frac{R_I}{R_F} = 1 - A_i^3 H = 1 - AH \tag{6.44}$$

である．$A$ の符号が負であるため，$1+AH$ ではなく，$1-AH$ となっているが，出力インピーダンスに関して，並列帰還の効果が現れていることがわかる．

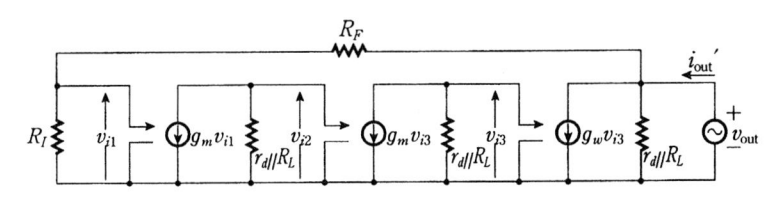

図 6.8 図 6.7 の出力インピーダンスを求めるための小信号等価回路

〔問 6.4〕 図 6.7 の負帰還回路において $R_L = 50\,\text{k}\Omega$，$g_m = 200\,\mu\text{S}$，$r_d = 1\,\text{M}\Omega$，$R_F = 1\,\text{M}\Omega$，$R_I = 100\,\text{k}\Omega$ のとき，電圧利得 $G$，入力インピーダンス $Z_\text{in}$，出力インピーダンス $Z_\text{out}$ をそれぞれ求めよ．

### 6.1.7 負帰還回路技術の問題点

負帰還回路技術は，素子値の偏差による特性の変動を抑え，増幅帯域を広げ，出力に加わるひずみや雑音を低減し，しかも入出力インピーダンスを改善することができる．また，ループ利得 $AH$ が大きければ大きいほどこれらの効果も大きくなる．ここでは，ループ利得を大きくした場合の影響について考えてみよう．

増幅部の利得が $A$，減衰部の利得が $H$ の負帰還増幅回路の全体の利得 $G$ は

$$G = \frac{A}{1+AH} \tag{6.45}$$

である．ループ利得 $AH$ が 1 よりも十分大きいならば，全体の利得は $H$ で決定される．したがって，ループ利得を大きくするためには，$A$ を大きくしなければならない．増幅部の利得 $A$ を大きくするための方法として，第 3 章で述べた縦続接続が有効であるが，縦続接続を用いると負帰還回路の安定性に関して問題が生じる．一般に縦続接続型増幅回路において，1 段当たり位相が最大 90 度変化する．たとえば，3 段の縦続接続を用いた増幅部からなる負帰還増幅回路のループ利得 $AH$ の典型的なボード線図は図 6.9 となる．この図では，周波数 $f_{crt}$ のところで位相が 180 度変化している．位相とは信号の伝わり方の遅れを表す量である．周波数 $f_{crt}$ である正弦波入力信号 $s_i$ が加わった場合に出力信号 $s_{out}$ は，本来，位相が 0 度のときは図 6.10 (a) のようになるべきである．しかし，位相が 180 度変化しているということは，信号が遅れて伝わるため図

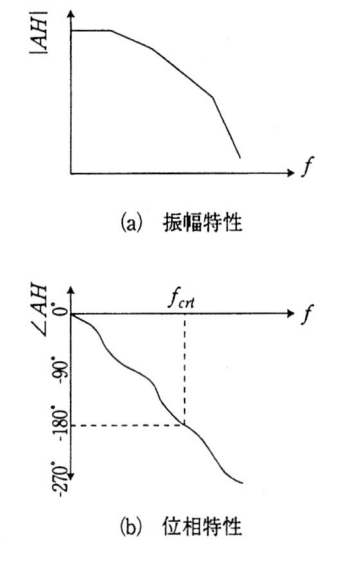

(a) 振幅特性

(b) 位相特性

図 6.9 ループ利得のボード線図

6.10 (b) のようになることを表している．図 6.10 (a) のようになっていれば，負帰還回路の増幅部の入力で減算が行われるが，図 6.10 (b) のようになっていると減算ではなく，加算が行われることになる．

この場合，式 (6.2) が

$$s_i = s_{in} + H s_{out} \tag{6.46}$$

と変わるので，全体の利得 $G$ は

$$G = \frac{A}{1 - AH} \tag{6.47}$$

となる．もし $f_{crt}$ で $|AH|$ が 1 ならば，式 (6.47) の分母が零となり，$G$ が無限大となる．すなわち，たとえ入力が零でも，利得が無限大であるため，何らかの出力が発生する，いわゆる発振を起こし，回路は不安定となる．また，$|AH|$ がちょうど 1 でなくても 1 以上であれば発振を起こすことが知られている．このように，負帰還回路の安定性はループ利得の絶対値と位相から判断することができる．

一般に，トランジスタ 1 段当たり位相が 90 度変化するので，3 段縦続接続の増幅部からなる負帰還増幅回路では，ほとんどの場合発振を起こす．したがって，縦続接続を行う場合は 2 段までとすることが望ましい．また，位相補償と呼ばれる，発振する回路を安定化させるための回路技術が知られている．

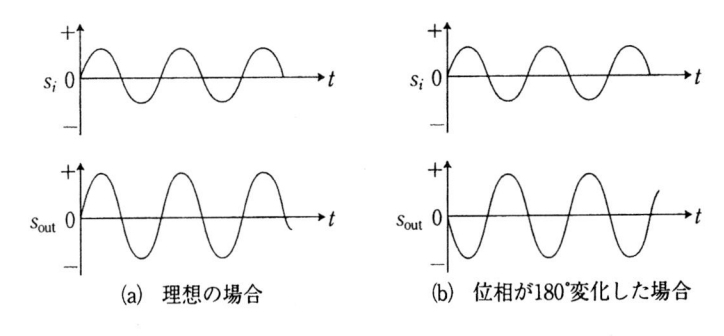

(a) 理想の場合　　　　(b) 位相が180°変化した場合

図 6.10　位相の偏差による入出力波形の違い

## 6.2 発振回路

前節で述べたように,負帰還回路は増幅部の位相回転の影響で不安定となることがある.このような不安定な回路では,入力を加えない状態でも出力が現れる.この性質を積極的に利用すると発振回路を実現することができる.

### 6.2.1 発振回路の原理

前節での議論から,発振回路は帰還回路において帰還される信号の符号が反転しない回路を用いれば実現することができる.信号の符号が反転しないで帰還される回路を,負帰還回路に対して,正帰還回路と呼ぶ.また,発振回路では自分自身で出力信号を発生するので,入力を加える必要はない.したがって,発振回路の原理図は図6.11となる.

図6.11の発振回路が発振するためにはループ利得 $AH$ が

$$AH \geq 1 \tag{6.48}$$

を満足することである.一般には $AH$ は実数ではなく,複素数である.したがって式 (6.48) の条件は,ある周波数でループ利得が実数となるための条件

$$\mathrm{Im}[AH] = 0 \tag{6.49}$$

と,その周波数でループ利得が1以上の大きさであるための条件

$$\mathrm{Re}[AH] \geq 1 \tag{6.50}$$

に分けることができる.ただし,Im並びにReはそれぞれ括弧内の値の虚部と実部を取り出すという記号である.式 (6.49) 並びに式 (6.50) はそれぞれ

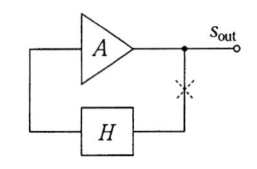

図 6.11 発振回路の原理図

周波数条件，電力条件と呼ばれている．

　発振回路のループ利得を求めるためには，発振回路のどこか適当な箇所でループを切断して計算しなければならない．切断された箇所に信号を加え，その信号と増幅されて戻ってきた信号との比がループ利得となる．切断される部分の相互の影響を考えずに発振回路のループを切ると，第3章の縦続接続型増幅回路の解析でも述べたように，正確なループ利得を求めることができない．しかし，

　　（i）　入力インピーダンスが無限大である節点
　　（ii）　出力インピーダンスが零である節点

で切断される場合は，切断されることの影響なしにループを切ることができる．

　たとえば，図 6.11 の場合，増幅器 $A$ の出力インピーダンスが十分に小さいとすると，周辺に影響を与えずに破線で表された×印のところでループを切断できる．この結果，図 6.12 が得られる．この入力信号 $s_i$ と出力信号 $s_o$ の比がループ利得 $AH$ となる．

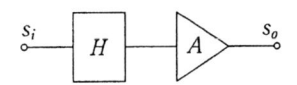

図 6.12　発振回路のループ利得を求めるための原理図

## 6.2.2　発振回路の例

### （1）　コルピッツ発振回路

　ここでは，図 6.13 に示すコルピッツ発振回路を例題とし，発振回路の解析手法について述べる．ただし，図 6.13 では簡単のためバイアス回路は省略している．

　MOS トランジスタのゲート端子には電流が流れないので，図 6.13 のコルピッツ発振回路では，上述の（i）の理由から，破線 A–A′ でループを切断することができる．切断後の発振回路の小信号等価回路を図 6.14 に示す．図 6.14

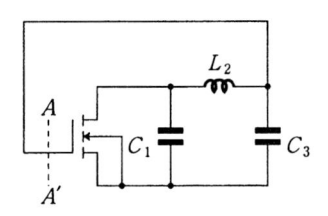

図 6.13 コルピッツ発振回路

の電圧利得,すなわちループ利得 $AH$ は

$$AH = \frac{-g_m r_d}{1-\omega^2 L_2 C_3 + j\omega r_d(C_1+C_3-\omega^2 C_1 L_2 C_3)} \tag{6.51}$$

となる.式 (6.51) から $C_1+C_3-\omega^2 C_1 L_2 C_3$ が零ならばループ利得 $AH$ は実数になることがわかる.すなわち,周波数条件は

$$C_1+C_3-\omega^2 C_1 L_2 C_3 = 0 \tag{6.52}$$

である.この式から発振周波数 $f_{osc}$ を

$$f_{osc} = \frac{1}{2\pi}\sqrt{\frac{C_1+C_3}{C_1 L_2 C_3}} \tag{6.53}$$

と求めることができる.発振すべき周波数では式 (6.52) が満足されているので,これを式 (6.51) に代入すると,$AH$ は

$$AH = \frac{-g_m r_d}{1-\omega^2 L_2 C_3} = \frac{C_1}{C_3}g_m r_d \tag{6.54}$$

となる.この値が1以上であれば発振を起こすので,$C_1$ と $C_3$ は

$$\frac{C_3}{C_1} \leqq g_m r_d \tag{6.55}$$

を満足しなければならない.

──────────────

〔問 6.5〕 図 6.14 の等価回路において,$C_1$ 並びに $C_3$ が $2.0\,\mathrm{pF}$,$L_2$ が $5.0\,\mathrm{H}$,$r_d$ が $1\,\mathrm{M\Omega}$ の場合,発振周波数並びに発振のために必要な $g_m$ の最小値を求めよ.

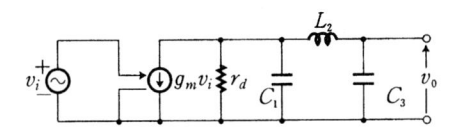

図 6.14 コルピッツ発振回路のループ利得を求めるための小信号等価回路

**(2) 水晶発振回路**

水晶はその共振特性が極めて安定しているため，特性の優れた発振回路を実現するためには不可欠な素子となっている．図 6.15 は水晶とその等価回路を表している．水晶のインピーダンス $Z=\dfrac{v}{i}$ を求めると

$$Z = \cfrac{1}{j\omega C_0 + \cfrac{j\omega C_S}{1-\omega^2 L_S C_S}} \tag{6.56}$$

となる．したがって，水晶のリアクタンス $X$ を，$Z=jX$ の関係から

$$X = \frac{-(1-\omega^2 L_S C_S)}{\omega(C_0 + C_S - \omega^2 C_0 L_S C_S)} \tag{6.57}$$

と求めることができる．

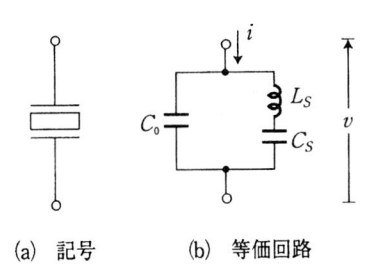

図 6.15 水晶の記号と等価回路

ここで，水晶をコルピッツ発振回路のインダクタ $L_2$ の代わりに用いることについて考えてみよう．この場合の発振周波数 $f_{osc}$ は式 (6.52) のインダクタのリアクタンス分 $\omega L_2$ の代わりに式 (6.57) を代入することにより

$$f_{osc} = \frac{1}{2\pi}\sqrt{\frac{1}{L_S C_S}}\sqrt{\frac{(C_0+C_S)(C_1+C_3)+C_1 C_3}{C_0(C_1+C_3)+C_1 C_3}} \quad (6.58)$$

となる．一般に水晶では，$C_0$ と $C_S$ との間に

$$C_0 \gg C_S$$

という関係がある．このことを考慮して式 (6.58) を近似すると，$f_{osc}$ は

$$f_{osc} = \frac{1}{2\pi\sqrt{L_S C_S}} \quad (6.59)$$

となる．したがって，水晶を用いたコルピッツ発振回路の発振周波数は，ほぼ水晶の特性だけで決定される．しかも，前にも述べたように，水晶の共振特性，すなわち $L_S$ と $C_S$ の積は極めて安定しており，温度が変化してもほとんど変化することがない．このため，水晶を用いることにより，極めて安定な発振周波数を持つ発振回路を構成することができる．

〔問 6.6〕 水晶を用いたコルピッツ発振回路の発振周波数を式 (6.58) と式 (6.59) から求め，比較せよ．ただし，$C_1$ 並びに $C_3$ は 3 pF であり，水晶の等価回路を図 6.15 とし，$C_0=10$ pF，$C_S=0.01$ pF，$L_S=2.53$ H とする．

〔問 6.7〕 問 6.6 において，$C_1$ が +10% 変化した場合の発振周波数の変化を式 (6.58) から求めよ．

## 演 習 問 題

6.1 図 6.E1 のブロック線図に示すように，2 段増幅の負帰還回路に雑音 $n_0, n_1, n_2$ が加わった場合の出力 $s_{\text{out}}$ を求めよ．ただし，$A_1=25$，$A_2=25$，$H=0.05$ とする．

6.2 図 6.1 の負帰還増幅回路において，増幅部の利得 $A$ が

$$A = \frac{A_0}{\left(1+\dfrac{f_{C1}}{jf}\right)\left(1+\dfrac{jf}{f_{C2}}\right)} \qquad \text{ただし，} f_{C1} \ll f_{C2}$$

演 習 問 題

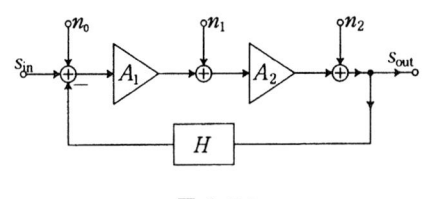

図 6.E 1

と表される場合に，負帰還増幅回路の振幅特性の概略を示せ．ただし，$A_0$ は定数であり，中域利得と呼ばれている．

6.3 図 6.7 の増幅回路について以下の問に答えよ．ただし，$R_I=20\,\mathrm{k\Omega}$，$R_F=250\,\mathrm{k\Omega}$，$R_L=20\,\mathrm{k\Omega}$ とし，$R_F \gg R_I, R_L$ と近似してよい．また，MOS トランジスタの小信号等価回路を図 6.E 2 とする．
 （1） ループ利得の位相が直流での値から $180°$ 変化する周波数を求めよ．
 （2） (1) の結果から，図 6.7 の増幅回路が不安定であることを示せ．
 （3） 図 6.7 の増幅回路が安定であるための $g_m$ の上限値を求めよ．

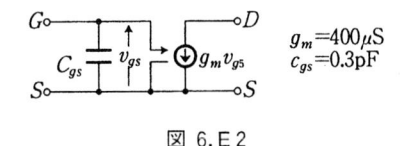

$g_m=400\,\mu\mathrm{S}$
$c_{gs}=0.3\,\mathrm{pF}$

図 6.E 2

6.4 図 6.E 3 の回路は，電流信号を電圧信号に変換する回路である．以下の問に答えよ．ただし，MOS トランジスタのトランスコンダクタンス係数 $K$ を $500\,\mu\mathrm{S/V}$，しきい電圧 $V_T$ を $0.8\,\mathrm{V}$ とし，ドレイン電流は 2 乗則に従い，チャネル長変調効果は無視できるものとする．
 （1） ゲート-ソース間電圧 $V_{GS}$ 並びにドレイン電流 $I_D$ を求めよ．
 （2） 図 6.E 2 の小信号等価回路を用いて，入力抵抗 $R_{\mathrm{in}}=\dfrac{v_{\mathrm{in}}}{i_{\mathrm{in}}}$ 並びに変換利得 $Z_T=\dfrac{v_{\mathrm{out}}}{i_{\mathrm{in}}}$ を求めよ．ただし，$g_m=2K(V_{GS}-V_T)$ であり，$C_{GS}$ は零としてよい．

6.5 図 6.E 4 (a) はハートレー発振回路と呼ばれる回路である．ただし，バイアス回路は省略している．MOS トランジスタの小信号等価回路を図 6.E 4 (b) として，ハートレー発振回路の周波数条件並びに電力条件を求めよ．

図 6.E3

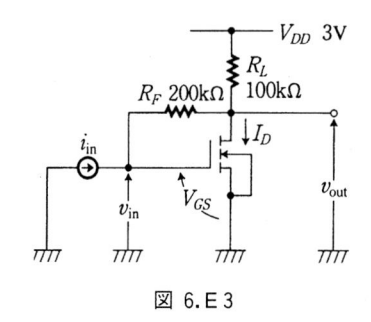

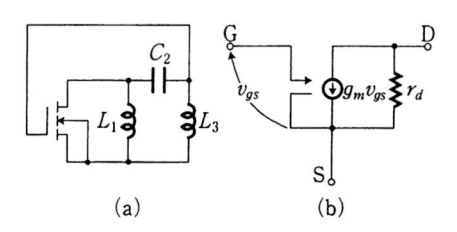

図 6.E4

# 7 高性能化回路技術

　前章では,代表的な回路技術である負帰還増幅回路技術について述べた.本章では,MOSトランジスタの2乗則を利用して,出力信号のひずみを低減する手法や,チャネル長変調効果の低減,低電源電圧の下での回路設計手法など,負帰還増幅回路技術以外の高性能MOSアナログ回路を実現するための回路技術について述べる.また,集積回路の構成において,回路設計と同様に重要なレイアウト手法についてもふれる.

## 7.1 入力範囲の拡大

　前章までは,増幅回路に加わる信号は十分小さいものとし,増幅回路の小信号等価回路を導出して解析を行ってきた.しかし,実際には大きな入力信号を扱わなければならないことが多く,このような場合,大きな信号ひずみが発生することがある.特に,入力近くで発生するひずみは,負帰還回路技術では効果的に低減することはできない.このような場合には,小信号等価回路を用いるのではなく,トランジスタの大信号特性を表すことのできる特性式を直接用いなければならない.ここでは,すべてのトランジスタが飽和領域で動作するとし,また,特性式として2乗則を用いて,大信号が入力された場合の増幅回路,特に差動増幅回路の振る舞いについて解析する.さらに,入力部の信号ひずみを低減するために,入力信号と出力信号との関係を線形化する手法についても述べる.

### 7.1.1 差動増幅回路の大信号特性

図 7.1 に差動増幅回路を示す．図 7.1 の差動増幅回路は，図 5.4 と同じ回路であり，CMRR を改善する目的で，抵抗 $R_S$ の代わりに，直流電流源 $I_{SS}$ をソース端子と接地点の間に接続している．また，ここでは，大信号特性を解析するため，入力には可変の直流電圧源 $V_{in1}$ と $V_{in2}$ が加えられている．したがって，出力 $V_{out1}$ や $V_{out2}$ も小信号ではなく，接地点からの電位で表している．

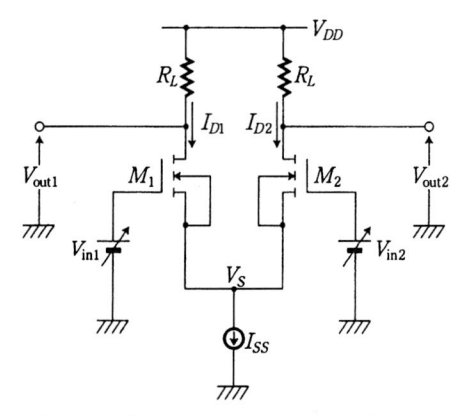

図 7.1 直流電流源を用いた差動増幅回路

2 個のトランジスタで共通となっているソース端子の電位を $V_S$ とすると，2 乗則から各トランジスタのドレイン電流 $I_{D1}$ 並びに $I_{D2}$ は

$$I_{D1}=K(V_{in1}-V_S-V_T)^2 \tag{7.1}$$

$$I_{D2}=K(V_{in2}-V_S-V_T)^2 \tag{7.2}$$

となる．これらの式から入力電圧 $V_{in1}$ 並びに $V_{in2}$ を

$$V_{in1}=\sqrt{\frac{I_{D1}}{K}}+V_S+V_T \tag{7.3}$$

$$V_{in2}=\sqrt{\frac{I_{D2}}{K}}+V_S+V_T \tag{7.4}$$

と求めることができる．差動増幅回路は，その名の通り，入力信号の差を増幅

することを目的とする回路であるから，式 (7.3) と式 (7.4) から入力信号の差 $\Delta V_{in}$ を求めると

$$\Delta V_{in} = V_{in1} - V_{in2} = \sqrt{\frac{I_{D1}}{K}} - \sqrt{\frac{I_{D2}}{K}} \tag{7.5}$$

となる．

一方，MOS トランジスタのゲート端子には電流が流れないので，ドレイン電流はソース電流に等しい．したがって，式 (7.1) と式 (7.2) の電流の和は $I_{SS}$ に等しく，

$$I_{SS} = I_{D1} + I_{D2} \tag{7.6}$$

である．式 (7.5) 並びに式 (7.6) から $I_{D1}, I_{D2}$ を求めると，

$$I_{D1} = \frac{I_{SS} + K \Delta V_{in} \sqrt{\frac{2 I_{SS}}{K} - \Delta V_{in}^2}}{2} \tag{7.7}$$

$$I_{D2} = \frac{I_{SS} - K \Delta V_{in} \sqrt{\frac{2 I_{SS}}{K} - \Delta V_{in}^2}}{2} \tag{7.8}$$

となる．$I_{D1}$ と $I_{D2}$ を用いれば，各出力端子の電位 $V_{out1}$ 並びに $V_{out2}$ は

$$V_{out1} = V_{DD} - R_L I_{D1} \tag{7.9}$$
$$V_{out2} = V_{DD} - R_L I_{D2} \tag{7.10}$$

となる．出力電圧 $\Delta V_{out}$ を $V_{out1}$ と $V_{out2}$ の差とすれば，式 (7.7) および式 (7.8) から $\Delta V_{out}$ は

$$\Delta V_{out} = V_{out1} - V_{out2} = -R_L K \Delta V_{in} \sqrt{\frac{2 I_{SS}}{K} - \Delta V_{in}^2} \tag{7.11}$$

となる．$\Delta V_{in}$ が

$$\Delta V_{in}^2 \ll \frac{2 I_{SS}}{K} \tag{7.12}$$

である範囲では，

$$\Delta V_{out} = -R_L \sqrt{2 K I_{SS}} \Delta V_{in} \tag{7.13}$$

と近似でき，図7.1の差動増幅回路の入力信号と出力信号との間に比例関係が成り立つ．

一般に，入力信号が式（7.12）で表される条件を満足する範囲では，小信号等価回路を用いることができるが，それ以外の範囲では，上述のような2乗則などの特性式を用いて解析を行い，式（7.11）などの結果を導かなければならない．

〔問 7.1〕　$R_L=50\,\text{k}\Omega$，$I_{SS}=50\,\mu\text{A}$，$K=400\,\mu\text{S}/V$，$\Delta V_{\text{in}}=0.3\,V$ とするとき，式(7.11)並びに式（7.13）から $\Delta V_{\text{out}}$ を求め，比較せよ．

### 7.1.2　カプリオの構成法

応用によっては，式（7.12）で表される範囲よりも広い範囲で，入力信号と出力信号の間に比例関係が成り立つことが求められる場合がある．そのような場合には，図7.1の差動増幅回路に何らかの回路的工夫を加えなければならない．

入力信号と出力信号との関係を線形化する手法の一つに，図7.2の回路がある．図7.2において4個のMOSトランジスタからなる回路をCaprio's Quad 回路という．

図7.2において抵抗 $R_S$ の両端の電圧は

$$V_{RS}=V_{S1}-V_{S2} \tag{7.14}$$

である．また，節点①並びに②の電位 $V_{S1}, V_{S2}$ は

$$V_{S1}=V_{\text{in2}}-V_{GS2}-V_{GS3} \tag{7.15}$$

$$V_{S2}=V_{\text{in1}}-V_{GS1}-V_{GS4} \tag{7.16}$$

である．ここで2乗則を仮定し，各MOSトランジスタのパラメータが等しいとすれば，MOSトランジスタのドレイン電流が等しければゲート-ソース間電圧も互いに等しくなる．図7.2の回路において，トランジスタ $M_1$ と $M_3$ 並びに $M_2$ と $M_4$ には，それぞれ同じドレイン電流が流れているので

$$V_{GS1}=V_{GS3} \tag{7.17}$$

## 7.1 入力範囲の拡大

$$V_{GS2}=V_{GS4} \tag{7.18}$$

が成り立つ．式 (7.15)〜式 (7.18) を式 (7.14) に代入すると，抵抗 $R_S$ にかかる電圧 $V_{RS}$ は

$$V_{RS}=V_{S1}-V_{S2}=V_{in2}-V_{in1}=-\Delta V_{in} \tag{7.19}$$

であることがわかる．この式から，抵抗 $R_S$ に流れる電流 $I_{RS}$ は

$$I_{RS}=\frac{-\Delta V_{in}}{R_S} \tag{7.20}$$

となる．

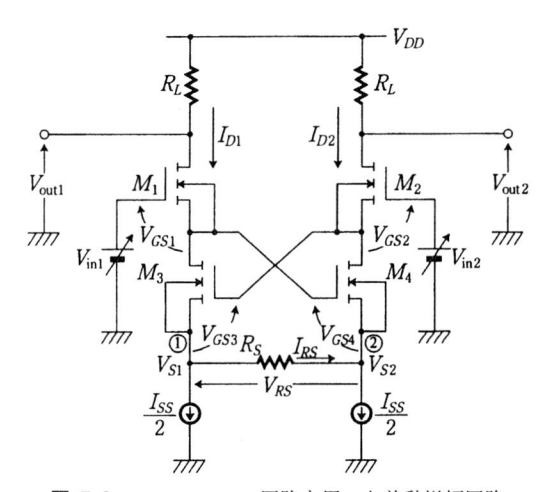

図 7.2 Caprio's Quad 回路を用いた差動増幅回路

一方，出力端子の電位 $V_{out1}$ 並びに $V_{out2}$ は式 (7.9) 並びに式 (7.10) と全く同じであるので，その差である出力電圧 $\Delta V_{out}$ は

$$\Delta V_{out}=-R_L(I_{D1}-I_{D2}) \tag{7.21}$$

となる．ここで節点①と②についてキルヒホフの電流則を立てると

$$I_{D1}=\frac{I_{SS}}{2}+I_{RS} \tag{7.22}$$

$$I_{D2}=\frac{I_{SS}}{2}-I_{RS} \tag{7.23}$$

が成り立つ．これらの式と式 (7.20) を式 (7.21) に代入すると

$$\Delta V_{\text{out}} = -2R_L I_{RS} = 2\frac{R_L}{R_S}\Delta V_{\text{in}} \tag{7.24}$$

が得られる．

式 (7.24) は，図7.1の回路と異なり，入力電圧の差である $|\Delta V_{\text{in}}|$ が $\sqrt{\dfrac{2I_{SS}}{K}}$ よりも十分に小さいという条件なしに，出力電圧である $\Delta V_{\text{out}}$ と $\Delta V_{\text{in}}$ が比例関係となることを示している．

### 7.1.3 バイアスオフセット回路技術

自動利得調整回路（Automatic Gain Controller；AGC）など，応用によっては，電圧利得が電子的に可変であることが必要な場合がある．図7.2の回路は，入力電圧の差が十分に小さいという条件がなくても，2乗則が成り立てば出力電圧と入力電圧の差が比例関係となる．しかし，その比例定数である利得は，抵抗の比によって決まるため，電圧利得を電子的に可変することができない．ここでは，電圧利得が電子的に可変な増幅回路について述べる．

図7.3の各トランジスタについて2乗則が成り立つとする．このことから各トランジスタのドレイン電流は

$$I_{D1} = K(V_{\text{in}} - V_S - V_T)^2 \tag{7.25}$$

$$I_{D2} = K(V_{\text{in}} - V_C - V_S - V_T)^2 \tag{7.26}$$

で与えられる．したがって，これらの電流の差は

$$I_{D1} - I_{D2} = 2KV_C V_{\text{in}} + I_{\text{off}} \tag{7.27}$$

となる．ただし，$I_{\text{off}}$ は

$$I_{\text{off}} = -K(V_C + 2V_S + 2V_T)V_C \tag{7.28}$$

である．

$I_{\text{off}}$ は信号成分を含まず，一種のバイアス電流と考えることができる．カレントミラー回路などを用いて，電流 $I_{D1}$ と $I_{D2}$ の差をとり，その差の電流を抵抗に流せば，入力信号電圧に比例した出力信号電圧が得られる．このとき，$V_{\text{in}}$ に対する比例定数は $V_C$ により可変となる．

## 7.1 入力範囲の拡大

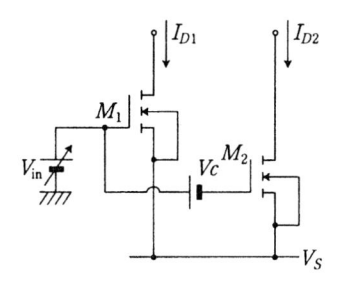

**図 7.3** バイアスオフセット回路技術

次に，差動増幅回路と同じように，入力電圧の差を増幅することについて考えてみよう．図 7.4 に示すように，図 7.3 の回路を 2 組用いた回路を考える．図 7.3 の回路の出力電流の差には $I_\text{off}$ が含まれているものの，式 (7.28) から $I_\text{off}$ は入力電圧には無関係であるから，さらにその差をとることによって打ち消される．すなわち，

$$(I_{D1}-I_{D2})-(I_{D3}-I_{D4})=2KV_C(V_{\text{in}1}-V_{\text{in}2}) \tag{7.29}$$

となる．

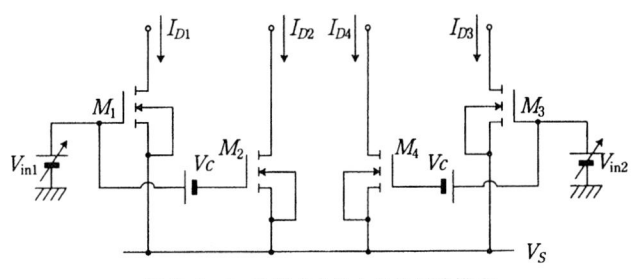

**図 7.4** $I_\text{off}$ を消去するための回路構成

さらに，式 (7.29) の左辺を変形して，$(I_{D1}+I_{D4})-(I_{D2}+I_{D3})$ とすれば，図 7.5 の電流 $I_{\text{out}1}$ と $I_{\text{out}2}$ の差に等しいことがわかる．したがって，図 7.5 の回路の出力電圧 $V_\text{out}$ は

$$V_\text{out}=R_L I_\text{out}=R_L(I_{\text{out}1}-I_{\text{out}2})=2KV_CR_L(V_{\text{in}1}-V_{\text{in}2}) \tag{7.30}$$

となる．式 (7.30) から明らかなように，図 7.5 は，差動増幅回路や図 7.2 の回路と同様に，入力電圧の差を増幅する回路である．また，式 (7.29) や式

(7.30) はソース端子の電位 $V_S$ を含んでいないため, $V_S$ が変化しても成り立つ. 図 7.5 ではこのことを利用し, ソース端子を直流電圧源ではなく直流電流源に接続して, CMRR を改善している. 図 7.5 の回路の直流電圧源 $V_C$ は, 第 5 章で示した図 5.20 のレベルシフト回路で置き換えることができる. このレベルシフト回路を構成する下側のトランジスタのゲートの電位を変えることにより, 図 7.5 の回路の電圧利得を電子的に可変することができる. また, $V_C$ に信号を加えれば乗算回路を実現することもできる.

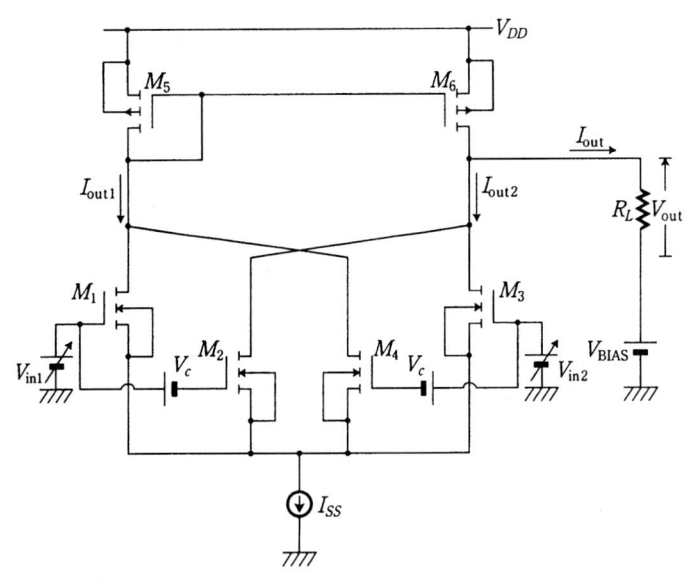

図 7.5 バイアスオフセット回路技術を用いた差動増幅回路

図 7.5 は $M_1$ と $M_3$, $M_2$ と $M_4$ の 2 組の差動対にバイアス分のみ異なる信号電圧を加えることにより, 入力信号と出力信号の比例関係を実現した回路とも考えることができる. このことから, このような線形化手法をバイアスオフセット回路技術と呼んでいる.

## 7.2 チャネル長変調効果の低減と低電源電圧化

MOSトランジスタの特性が前節で用いた2乗則では精度よく表しきれず，チャネル長変調効果なども含めて考えなければならない場合がある．本節では，第4章で述べたカスコード接続がチャネル長変調効果による影響の低減に有効であることについて述べる．また，カスコード接続は高い電源電圧を必要とするため，低い電源電圧の下で動作する回路の構成についても説明する．

### 7.2.1 カスコード接続

チャネル長変調効果とは，ソース端子の電位を基準としてドレイン端子の電位が変化した際に実効的なチャネル長が変化することである．このチャネル長の変化の影響は，トランジスタの小信号等価回路上では，ドレインとソースの間にあるドレイン抵抗として表される．ドレイン端子の電位が変化すると，このドレイン抵抗のため，ドレイン電流も変化する．たとえば，カレント・ミラー回路において，たとえゲート-ソース間電圧が同じでも，ドレイン端子の電位が異なると左右のドレイン電流が異なり，正常に動作しなくなる．このようにチャネル長変調効果が回路の特性に大きな影響を及ぼすことがある．

チャネル長変調効果の影響はカスコード接続を用いることにより，低減することができる．図7.6にカスコード接続されたトランジスタを示す．図7.6の回路は，等価的に端子①がドレイン端子，端子②がゲート端子，端子③がソース端子である1個のトランジスタと考えることができる．

図7.6の回路を1個のトランジスタと見なして，この回路の等価的なドレイン抵抗を求めてみよう．ドレイン抵抗は，信号成分に対して，等価ゲート端子②と等価ソース端子③を接地し，等価ドレイン端子①から見込んだインピーダンスとなる．ただし，直流電圧源 $V_{BIAS}$ は，小信号等価回路上では短絡となる．ドレイン抵抗を求めるための小信号等価回路を図7.7に示す．

第3章の式 (3.43) に示したように，トランジスタ $M_2$ のソース端子に接続

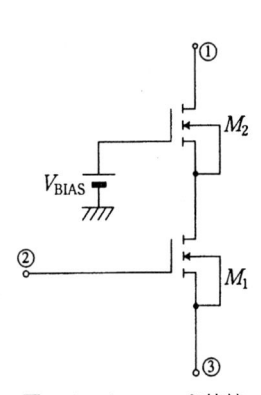

図 7.6  カスコード接続

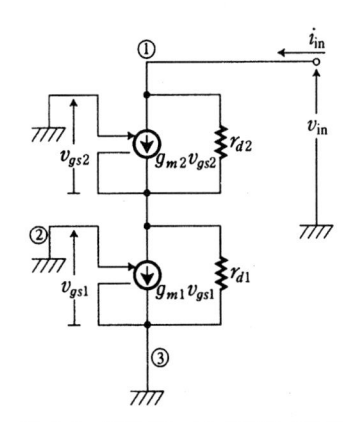

図 7.7  等価ドレイン抵抗を求めるための小信号等価回路

されたインピーダンスをドレイン側から見ると,そのインピーダンスは $(1+g_{m2}r_{d2})$ 倍されて見える.図 7.7 において,$v_{gs1}$ は常に零であるから,電流源 $g_{m1}v_{gs1}$ を除去することができ,$M_2$ のソース端子に接続されるインピーダンスが $M_1$ のドレイン抵抗 $r_{d1}$ であることがわかる.したがって,$M_2$ のドレイン抵抗 $r_{d2}$ の分を考慮すれば,カスコード接続されたトランジスタの等価ドレイン抵抗 $r_{dC}$ は

$$r_{dC} = \frac{v_{in}}{i_{in}} = r_{d2} + (1 + g_{m2}r_{d2})r_{d1} \qquad (7.31)$$

となる.

　一般に,$g_{m2}r_{d2} \gg 1$ であるから,カスコード接続されたトランジスタの等価ドレイン抵抗は,単体のトランジスタのそれよりも非常に大きな値となる.このことは,図 7.6 のトランジスタのバイアス状態を考えれば,容易に推測することができる.図 7.6 では,$M_1$ のドレイン端子の電位が,$V_{BIAS}$ と $M_2$ のゲート・ソース間電圧でほぼ決定されているため,端子①の電位が変化しても,$M_1$ のバイアス状態はほとんど変化せず,$M_1$ のドレイン電流もほとんど変わらない.このため,端子①に流れ込む電流も,端子①の電位の変化にかかわらず,一定となるので,等価的に端子①と端子③の間の抵抗値が増加する.このよう

に，カスコード接続は，チャネル長変調効果の影響を受けにくい構造になっている．

〔問 7.2〕 $g_{m2}=50\,\mu\mathrm{S}$, $r_{d1}=r_{d2}=1\,\mathrm{M}\Omega$ のとき $r_{dC}$ を求めよ．

### 7.2.2 フォールディッドカスコード接続

カスコード接続は，上述のようにチャネル長変調効果の影響を受けにくく，しかも第4章で示したように高周波特性も優れている．カスコード接続を利用すれば，特性の優れた増幅器を実現することができる．しかし，一般にカスコード接続は高い電源電圧を必要とする問題点がある．

ここでカスコード接続を，集積回路における基本回路である差動増幅回路に応用した場合について考えてみよう．図7.8にカスコード接続を用いた差動増幅回路を示す．図7.8において，すべてのトランジスタが飽和領域で動作するために必要な最小電源電圧を求めてみる．差動増幅回路の対称性を考慮すれば回路の右半分または左半分だけに着目すれば十分である．図7.8のすべてのトランジスタが飽和領域で動作するためには，

$$V_{DSi} \geq V_{GSi} - V_T \quad (i=1,2) \tag{7.32}$$

でなければならない．また，直流電流源 $I_{SS}$ を図5.10に示した直流電流源回路で実現すると仮定すれば，その両端の電圧 $V_{CS}$ は

$$V_{CS} \geq V_{GS0} - V_T \tag{7.33}$$

でなければならない．ただし，$V_{GS0}$ は直流電流源を構成するトランジスタのゲート－ソース間電圧である．さらに，負荷抵抗 $R_L$ の両端の電位差を $V_{RL}$ とすれば，電源電圧 $V_{DD}$ は

$$V_{DD} \geq V_{RL} + V_{GS0} + V_{GS1} + V_{GS2} - 3V_T \tag{7.34}$$

を満足しなければならない．

たとえば，nチャネルMOSトランジスタのしきい電圧を0.8V，ゲート－ソース間電圧を1.4V，負荷抵抗にかかる電圧を1.0Vとして，図7.8の差動増幅回路の必要最小電圧を求めると，2.8Vとなる．

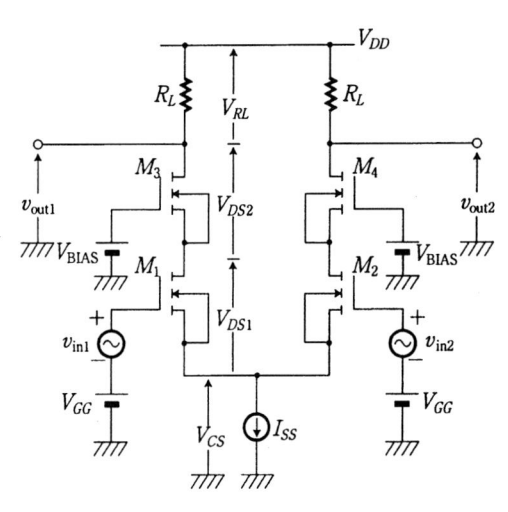

図 7.8 カスコード接続を用いた差動増幅回路

図 7.9 に n チャネル MOS トランジスタだけでなく，p チャネル MOS トランジスタも用いたカスコード接続回路を示す．図 7.9 の小信号等価回路は図 7.6 のそれと同じである．したがって，図 7.9 は小信号に関して図 7.6 と同じ働きをし，図 7.9 も一個のトランジスタと考えることができる．図 7.9 では，p チャネル MOS トランジスタも用いているため，等価的なドレイン端子である端子①の電位を等価的なゲート端子やソース端子である端子②，③よりも低くす

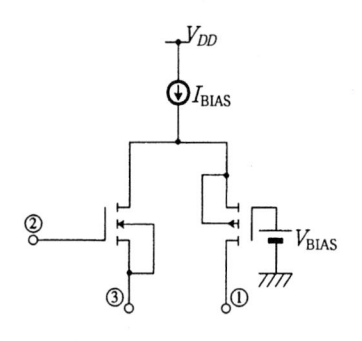

図 7.9 フォールディッドカスコード接続

ることができる.折り返された形をしていることから,この接続をフォールディッドカスコード接続と呼ぶ.

図7.10にフォールディッドカスコード接続を用いた差動増幅回路を示す.図7.8と同様に,図7.10の回路の必要最小限電源電圧を求める.各部分回路のトランジスタが飽和領域で動作するための条件は

$$V_{DS1} \geq V_{GS1} - V_{TN} \tag{7.35}$$

$$V_{DS2} \leq V_{GS2} - V_{TP} \tag{7.36}$$

$$V_{CSN} \geq V_{GS0N} - V_{TN} \tag{7.37}$$

$$V_{CSP} \leq V_{GS0P} - V_{TP} \tag{7.38}$$

である.また,負荷抵抗の両端の電圧を$V_{RL}$とし,$V_{DS2}$や$V_{CSP}$が負であることを考慮すれば,電源電圧$V_{DD}$は

$$V_{DD} \geq \max[V_{GS0N} + V_{GS1} + |V_{GS0P}| - 2V_{TN} - |V_{TP}|,$$
$$V_{RL} + |V_{GS0P}| + |V_{GS2}| - 2|V_{TP}|] \tag{7.39}$$

を満足しなければならない.ただし,関数maxは括弧内の要素の中から最大の値のものを選び出す記号である.

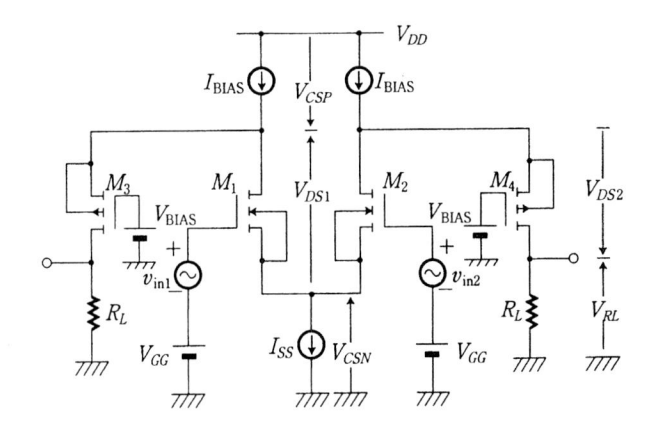

図7.10 フォールディッドカスコード接続を用いた差動増幅回路

式 (7.34) と (7.39) を比較すれば，フォールディッドカスコード接続を用いた差動増幅回路の電源電圧は，nチャネル MOS トランジスタだけで構成した図 7.8 のカスコード接続を用いた差動増幅回路の電源電圧よりも，負荷抵抗にかかる電圧分，またはドレイン-ソース間電圧としきい電圧の差の分だけ低い電圧でよいことがわかる．

たとえば，nチャネル MOS トランジスタ並びに p チャネル MOS トランジスタのしきい電圧をそれぞれ 0.8 V，−0.8 V，ゲート-ソース間電圧をそれぞれ 1.4 V，−1.4 V，負荷抵抗にかかる電圧を 1.0 V とすると，図 7.10 の差動増幅回路の必要最小電圧は，式 (7.39) から 2.2 V となる．

### 7.2.3 カスコードカレントミラー回路

チャネル長変調効果を考慮した小信号等価回路を用いて，図 7.11 に示すカレントミラー回路の解析を行ってみよう．ただし，図 7.11 ではバイアス回路を省略している．図 7.12 にカレントミラー回路の小信号等価回路を示す．入力電流 $i_{in}$ は，節点①の電位 $v_{gs}$ を用いて

$$i_{in} = g_{m1} v_{gs} + \frac{v_{gs}}{r_{d1}} \tag{7.40}$$

と表すことができる．この式から $v_{gs}$ は

$$v_{gs} = \frac{r_{d1} i_{in}}{1 + g_{m1} r_{d1}} \tag{7.41}$$

となる．出力電流は，負荷抵抗 $R_L$ に流れる電流 $i_{out}$ である．節点②において，抵抗 $r_{d2}$ を流れる電流と $i_{out}$ の和が電流 $g_{m2} v_{gs}$ であり，$R_L$ と $r_{d2}$ にかかる電圧は等しいので

$$g_{m2} v_{gs} = i_{out} + \frac{R_L}{r_{d2}} i_{out} \tag{7.42}$$

という関係が成り立つ．式 (7.41) と式 (7.42) から

$$i_{out} = \frac{r_{d1}}{1 + g_{m1} r_{d1}} \cdot \frac{g_{m2} r_{d2}}{R_L + r_{d2}} i_{in} \tag{7.43}$$

## 7.2 チャネル長変調効果の低減と低電源電圧化

が得られる．もし $g_{m1}r_{d1}, r_{d2}$ が

$$g_{m1}r_{d1} \gg 1 \tag{7.44}$$

$$r_{d2} \gg R_L \tag{7.45}$$

であれば

$$i_{\text{out}} = \frac{g_{m2}}{g_{m1}} i_{\text{in}} \tag{7.46}$$

となる．また，カレントミラー回路では $g_{m1}$ と $g_{m2}$ の値は等しいので

$$i_{\text{out}} = i_{\text{in}} \tag{7.47}$$

となり，理想的なカレントミラーとして動作する．しかし，式 (7.44) は一般に満足されやすいが，式 (7.45) は，能動負荷などを用いる場合のように，$R_L$ が大きい場合には満足されない．このため，出力電流の値は入力電流の値と異なる．

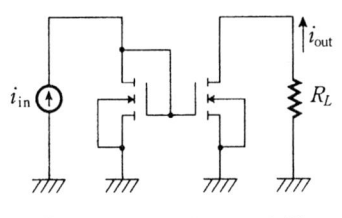

図 7.11 カレントミラー回路

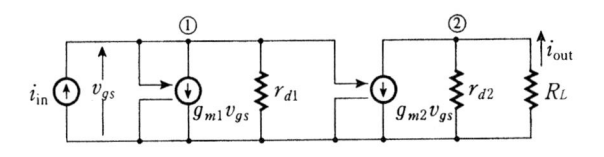

図 7.12 カレントミラー回路の小信号等価回路

カスコード接続はカレントミラー回路にも用いることができる．これを図 7.13 に示す．図 7.13 ではトランジスタ $M_{1A}$ と $M_{2A}$ がカスコード接続されており，$M_{1A}$ や $M_{2A}$ の電位は電流源 $I_{\text{ref}}$ やトランジスタ $M_{1B}, M_{2B}$ からなる直流電圧源回路によって定まる．図 7.11 のカレントミラー回路と同様に，小信号等価回路

を用いてその電流伝達特性を求めれば，ドレイン抵抗の影響がわかる．しかし，カスコード接続された2個のトランジスタは，1個のトランジスタと等価であり，そのドレイン抵抗は式 (7.31) で与えられる．したがって，トランジスタ $M_{1A}$ のドレイン抵抗 $r_d$ が約 $g_m r_d$ 倍されて出力端子①より見えるため，式 (7.45) が容易に満足されるようになる．

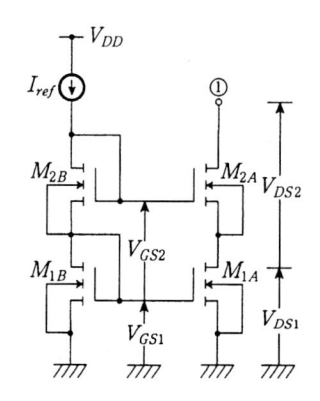

図 7.13 カスコードカレントミラー回路

このように，カスコード接続はカレントミラー回路にも有効である．しかし，この回路中のすべてのトランジスタが飽和領域で動作するためには出力端子①の電位が高くなるという問題がある．ここで出力端子①の必要最小電位を求めてみよう．ここでは簡単のため，$M_{1A}$ と $M_{1B}$ 並びに $M_{2A}$ と $M_{2B}$ のチャネル幅並びにチャネル長が等しいとする．$M_{2A}$ と $M_{2B}$ に流れている電流が等しいので，それらのドレイン-ソース間電圧も等しくなる．したがって，トランジスタ $M_{1A}$ のゲート-ソース間電圧 $V_{DS1}$ は

$$V_{DS1} = V_{GS1} \tag{7.48}$$

となる．また，トランジスタ $M_{2A}$ が飽和領域で動作するためには

$$V_{DS2} \geq V_{GS2} - V_T \tag{7.49}$$

でなければならない．したがって，出力端子①の必要最小電位 $V_{Dmin}$ は

$$V_{Dmin} = V_{GS1} + V_{GS2} - V_T \tag{7.50}$$

となる．

　出力端子の電位がより低い場合でも，カスコード接続を用いたカレントミラー回路を動作させるためには，トランジスタ $M_{1A}$ のドレインの電位を下げればよい．低い電源電圧での使用に適したカスコードカレントミラー回路を図 7.14 に示す．

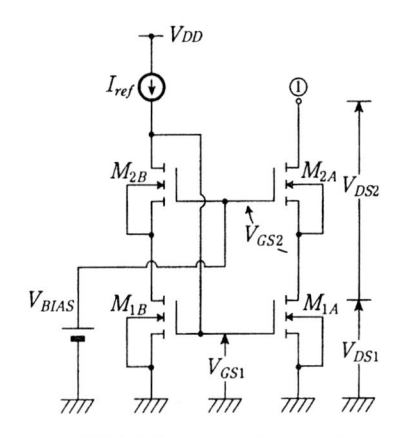

**図 7.14** 低電源電圧用カスコードカレントミラー回路

〔問 7.3〕 $R_L$ を $50\,\mathrm{k\Omega}$，$g_{m1}$ 並びに $g_{m2}$ を $50\,\mu\mathrm{S}$，$r_{d1}$ 並びに $r_{d2}$ を $1\,\mathrm{M\Omega}$ として，式 (7.43) から $\dfrac{i_\mathrm{out}}{i_\mathrm{in}}$ を求めよ．

〔問 7.4〕 n チャネル MOS トランジスタのしきい電圧をそれぞれ $0.8\,\mathrm{V}$，ゲート-ソース間電圧を $1.4\,\mathrm{V}$ として，図 7.13 のカスコードカレントミラー回路の必要最小電圧を求めよ．

## 7.3　レイアウト技術

　集積回路を実現するための基本回路は差動増幅回路であることはすでに述べた．この差動増幅回路の解析においては，集積回路の特徴である，素子の整合性，すなわち相対値精度の高さを仮定していた．確かに集積回路上において素

子の相対値精度は高いものの，必ずしも誤差がないわけではない．単に素子を並べただけでは，それらの相対値を正確に合わせることは難しい．集積回路の設計に当たっては，素子の形状をどのように選ぶか，素子をどのように配置するかが重要となる．集積回路上に回路を実現するために，適当な形状の素子を配置並びに接続することをレイアウトと呼ぶ．

　素子の特性を偏差させる要因の一つとして，集積回路上で素子を実現するプロセスの加工精度の限界がある．これは MOS トランジスタのチャネル幅やチャネル長，容量のサイズなどの誤差の主な原因となる．このような誤差は，加工精度の限界に起因するため，チャネル幅やチャネル長には依存しない．誤差の値はばらつくものの，ある一定の範囲内にあると考えられるので，チャネル幅やチャネル長を大きくすることにより相対的に誤差を小さくすることができる．しかし，チャネル幅やチャネル長を大きくすることは，MOS トランジスタのサイズや，さらにはチップ面積が大きくなり，コストが高くなる．また，チップ面積があらかじめ決められている場合には，集積化できるトランジスタ数などが制約されることになる．このような理由から，集積回路の設計においては適当な素子サイズを選択しなければならない．

　素子特性の偏差のもう一つの要因として，集積回路の製造が，集積回路全体で一様な条件の下で行われないことが挙げられる．たとえば，酸化膜の層の厚さは均一でなく，傾斜を持っている．この不均一さのために，たとえ全く同じサイズの素子を集積回路上に実現しても，集積回路上の配置の違いにより，特性が異なってくる．このような特性の違いを極力避けるために，差動増幅回路の差動対に，図 7.15 に示すコモン・セントロイド形状と呼ばれるレイアウトが用いられる．図 7.15 では，8 個のトランジスタが並列接続されて 1 個のトランジスタを構成し，合計 16 個のトランジスタにより差動対を実現している．このレイアウトの特徴は，ゲート，ソース，ドレインの重心が一致するようにトランジスタが配置されていることである．また，コモン・セントロイド形状は容量を実現する際にも用いられる．

7.3 レイアウト技術

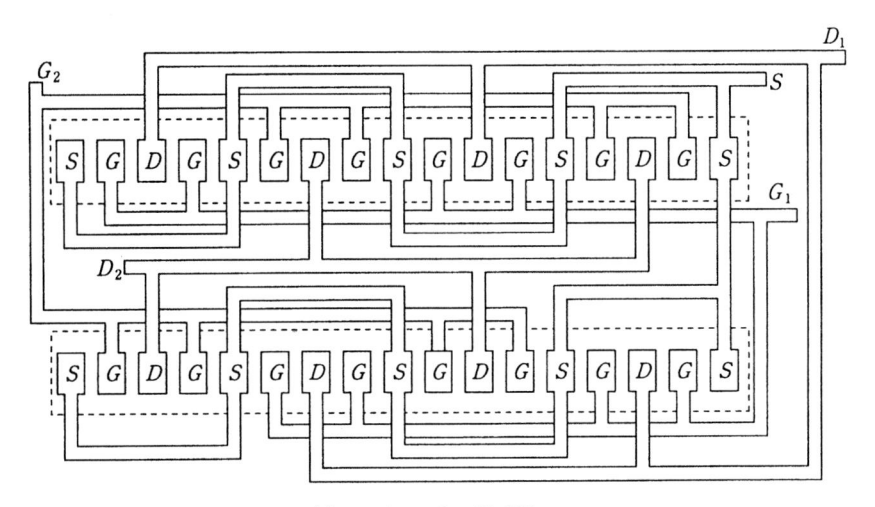

(a) レイアウトの概略図

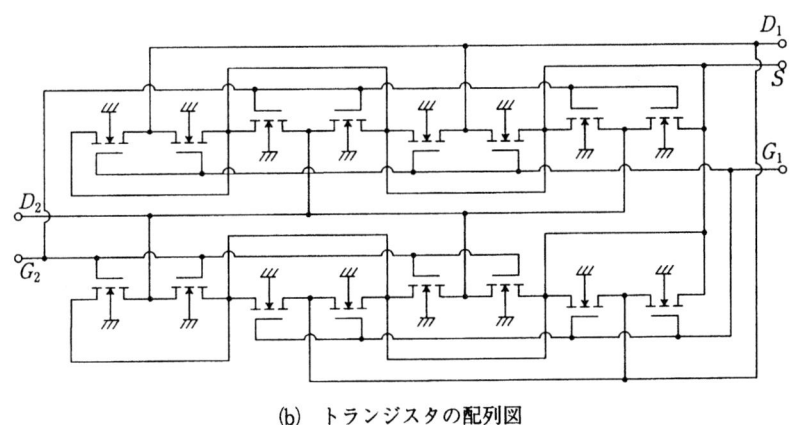

(b) トランジスタの配列図

図 7.15 コモン・セントロイド形状

## 演習問題

**7.1** 図 7.1 の回路の差動入力電圧 $\Delta V_{in}$ の上限並びに下限を求めよ.

**7.2** 図 7.14 のカスコードカレントミラー回路のトランジスタがすべて飽和領域で動作するために必要な $V_{BIAS}$ の範囲を,$V_{GSi}$ ($i=1,2$) としきい電圧 $V_T$ によって表せ.また,$V_{BIAS}$ がこの範囲を満足するときに,端子①の最小電位を $V_{BIAS}$ と $V_T$ によって表せ.ただし,MOS トランジスタのトランスコンダクタンス係数やしきい電圧はすべて等しく,チャネル長変調効果は無視してよい.

**7.3** 図 7.E1 において,$V_{C1}+V_{C2}=V_C$(一定),$I_{S1}-I_{S2}=I_C$(一定)とする.以下の問に答えよ.ただし,トランジスタはすべて飽和領域で動作し,トランスコンダクタンス係数を $K$,しきい電圧を $V_T$ とし,チャネル長変調効果は無視してよい.

(1) $V_S$ を $V_{in1}, V_{in2}, V_C, V_T, I_C$ を用いて表せ.

(2) (1) の結果を用いて,$I_{D1}-I_{D2}$ 並びに $I_{D3}-I_{D4}$ を求めよ.

(3) $(I_{D1}-I_{D2})+(I_{D3}-I_{D4})$ を求め,この回路の特徴について述べよ.

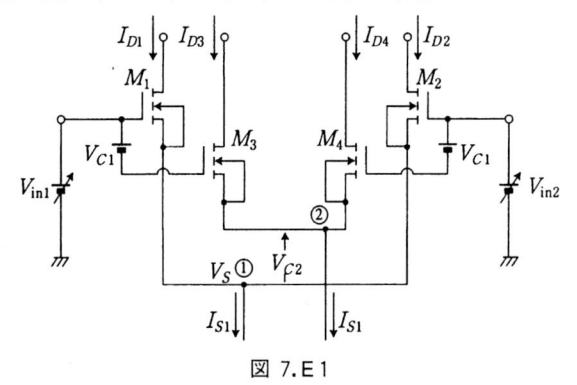

図 7.E1

**7.4** 図 7.E2 は,4 個の CMOS ペアを用いた回路である.この回路において,以下の問に答えよ.

(1) $V_{GSN}-V_{GSP}$ を求めよ.ただし,CMOS ペアに流れる電流 $I_{Deq}$ は $I_{Deq}=K_{eq}(V_{GSeq}-V_{Teq})^2$ という,2 乗則に従うものとする.ここで,$K_{eq}$ は CMOS ペアの等価的なトランスコンダクタンス係数であり,$V_{Teq}$ は等価的なしきい電圧

である.

(2) (1)の結果から，$V_{in1}-V_A$ 並びに $V_{in2}-V_B$ を求めよ．

(3) (2)の結果から，$I_{out1}-I_{out2}$ を求めよ．

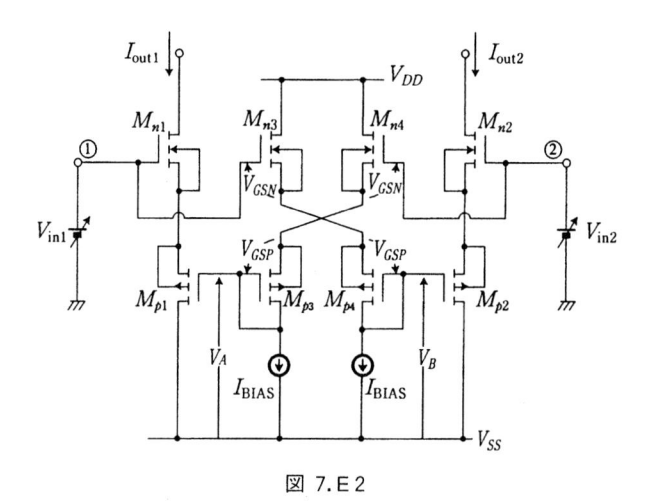

図 7.E2

7.5 図 7.E3 において，すべてのトランジスタのトランスコンダクタンス係数やしきい電圧が等しく，ドレイン電流は2乗則に従い，チャネル長変調効果は無視できるものとする．以下の問に答えよ．

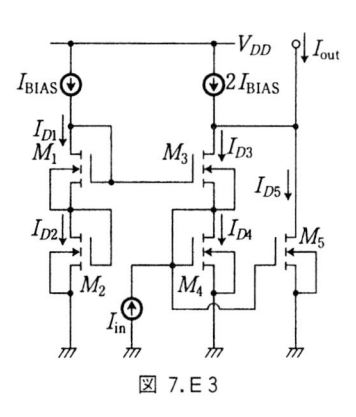

(1) $M_1$ と $M_2$ のゲート-ソース間電圧の和と，$M_3$ と $M_4$ のゲート-ソース間電

図 7.E3

圧の和が等しいことを利用して，$2\sqrt{I_{\text{BIAS}}} = \sqrt{I_{D3}} + \sqrt{I_{D3}+I_{\text{in}}}$ が成り立つことを示せ．

（2）（1）の結果と $I_{D5}$ が $I_{D4}$ に等しいことから，$I_{\text{out}} = \dfrac{I_{\text{in}}^2}{8 I_{\text{BIAS}}}$ となることを示せ．

7.6 図7.E4において，すべてのトランジスタのトランスコンダクタンス係数やしきい電圧が等しく，ドレイン電流は2乗則に従い，チャネル長変調効果は無視できるものとする．以下の問に答えよ．

（1）$M_2$ と $M_3$ のゲート–ソース間電圧の和と，$M_5$ と $M_6$ のゲート–ソース間電圧の和が等しいことを利用して，$2\sqrt{I_{\text{BIAS}}} = \sqrt{I_{D3}} + \sqrt{I_{D3}+I_{\text{out}}}$ が成り立つことを示せ．

（2）（1）の結果と $I_{D1}$ が $I_{D2}$ に等しいことから，$I_{\text{out}} = \sqrt{8 I_{\text{BIAS}} I_{\text{in}}}$ となることを示せ．

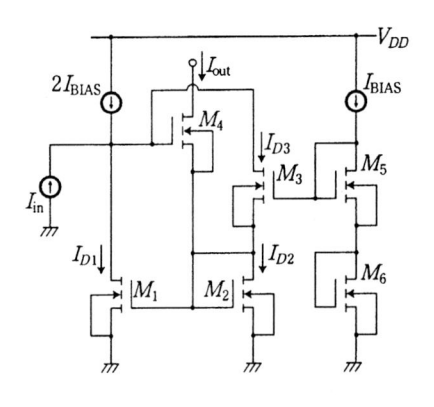

図 7.E4

# 8 演算増幅器とその応用

演算増幅器はアナログ回路において最も有用な能動素子の一つである．トランジスタと異なり，電源を接続するだけで，バイアス設計をすることなしに様々なアナログ回路を実現することができる．本章では，演算増幅器の特徴や構成方法について述べ，また MOS アナログ回路への応用についても説明する．

## 8.1 理想演算増幅器

演算増幅器は，多数のトランジスタから構成される増幅回路の一つである．また，多くの演算増幅器が入力端子の直流電位が零でも働くように，正の値の電源だけでなく，負の値の電源も用いている．一般に，演算増幅器の内部構造は複雑であるので，演算増幅器を簡単に表記するため図 8.1 の記号を用いる．演算増幅器には，出力への伝達特性が逆相となる反転入力端子と，正相となる非反転入力端子がある．図 8.1 では，2 個の入力端子と 1 個の出力端子だけが外部端子として記されているが，実際の演算増幅器には電源端子などもある．しかし，簡単のために，通常は図 8.1 に示す端子以外は回路図からは省略する場合が多い．

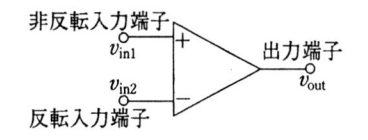

図 8.1 演算増幅器の記号

理想的には，演算増幅器の反転入力端子と非反転入力端子には電流が流れず，これらの入力端子に加えられた入力電圧の差のみが増幅される．すなわち，図 8.1 において

$$v_{\text{out}} = A_d(v_{\text{in1}} - v_{\text{in2}}) \tag{8.1}$$

が成り立つ．このように，演算増幅器は一種の差動増幅回路であり，差動増幅回路と同様に，電圧利得 $A_d$ のことを差動利得と呼んでいる．また，差動利得は理想的には無限大であるため，一般には演算増幅器は単体では用いられず，負帰還回路の増幅部として用いられる．

ここで，演算増幅器を用いた回路の解析方法について考えてみよう．図 8.2 に演算増幅器を用いた増幅回路の一例を示す．図 8.2 において，まず差動利得 $A_d$ が有限であるとする．演算増幅器の反転入力端子に $v_i$ の電圧が加わっているので出力電圧 $v_{\text{out}}$ は，式 (8.1) より

$$v_{\text{out}} = -A_d v_i \tag{8.2}$$

である．また，演算増幅器の入力端子には電流が流れないので，$v_i$ は

$$v_i = \frac{R_0 v_{\text{in}} + R_1 v_{\text{out}}}{R_0 + R_1} \tag{8.3}$$

となる．これら 2 式から $v_{\text{out}}$ は

$$v_{\text{out}} = \frac{-A_d \dfrac{R_0}{R_0 + R_1}}{1 + A_d \dfrac{R_1}{R_0 + R_1}} v_{\text{in}} \tag{8.4}$$

となる．理想の演算増幅器の差動利得 $A_d$ は無限大であるので，式 (8.4) において $A_d$ を無限大とすると

$$v_{\text{out}} = -\frac{R_0}{R_1} v_{\text{in}} \tag{8.5}$$

を得る．

演算増幅器を用いた解析において，はじめに演算増幅器の差動利得を有限として，最後に無限大とすると，上の例題のように計算が煩雑となる．そこで，

## 8.1 理想演算増幅器

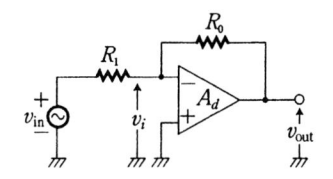

図 8.2 演算増幅器を用いた増幅回路(1)

はじめから演算増幅器の差動利得が無限大であるという条件を考慮して，解析することを考えてみよう．演算増幅器の入力端子に加わる電圧 $v_i$ は，式 (8.2) から

$$v_i = -\frac{v_\text{out}}{A_d} \tag{8.6}$$

である．出力電圧 $v_\text{out}$ は有限の値であるので，差動利得 $A_d$ が無限大の場合には $v_i$ は零でなければならない．すなわち，演算増幅器の 2 個の入力端子の電位は入力信号によらず，常に等しいことがわかる．

最初に述べたように，理想の演算増幅器の 2 個の入力端子には電流が流れない．このことと入力端子の電位差が零であることから，演算増幅器の入力部は図 8.3 (a) に示すナレータと呼ばれる素子で等価的に表現することができる．ナレータは両端子の電位差が常に零で，しかも電流が流れない仮想の素子である．この素子を単独に用いると一般にキルヒホフの法則が満足されない．この問題を解決するために，必ずナレータとともに，図 8.3 (b) に示すノレータと呼ばれる素子を用いる．ノレータは，ナレータと全く逆の性質を持ち，両端子の電位差や流れる電流が周辺の回路によって定まる．演算増幅器の場合は出力端子の電位や流れ出る電流が周辺の回路によって定まるので，理想の演算増幅器をナレータとノレータを用いて等価表現すると図 8.4 となる．

ここで，ナレータとノレータを用いて，図 8.2 の回路を解析してみよう．ナレータとノレータによる図 8.2 の等価回路を図 8.5 に示す．ナレータの性質から電圧 $v_i$ は常に零である．したがって，抵抗 $R_1$ に加わる電圧は $v_\text{in}$ であるから，$R_1$ に流れる電流 $i_1$ は

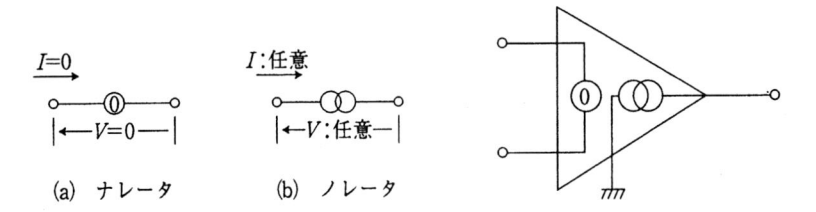

**図 8.3** 理想演算増幅器を表すための仮想素子

(a) ナレータ　(b) ノレータ

**図 8.4** 演算増幅器のナレータ・ノレータによる等価表現

$$i_1 = \frac{v_{\text{in}}}{R_1} \tag{8.7}$$

となる．ナレータには電流が流れないので，$i_1$ はすべて抵抗 $R_0$ に流れ込む．これにより，抵抗 $R_0$ に電圧降下が生じて，出力電圧 $v_{\text{out}}$ となる．$v_i$ が零であるから，$v_{\text{out}}$ は

$$v_{\text{out}} = 0 - R_0 i_1 = -\frac{R_0}{R_1} v_{\text{in}} \tag{8.8}$$

となる．

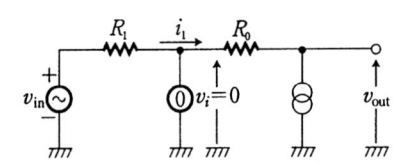

**図 8.5** ナレータとノレータを用いた図8.2の等価回路

もう一つの例題として，図8.6に示す増幅回路を，ナレータとノレータを用いて解析してみよう．図8.6の回路を，ナレータとノレータを用いて等価表現すると図8.7となる．図8.7において，ナレータに電流が流れず，電位差が生じないことから，ただちに抵抗 $R_0$ と $R_1$ によって $v_{\text{out}}$ が分圧された電圧が $v_{\text{in}}$ であることがわかる．すなわち

$$v_{\text{in}} = \frac{R_1}{R_0 + R_1} v_{\text{out}} \tag{8.9}$$

である．これより

$$v_\text{out} = \left(1 + \frac{R_0}{R_1}\right) v_\text{in} \tag{8.10}$$

を得る．

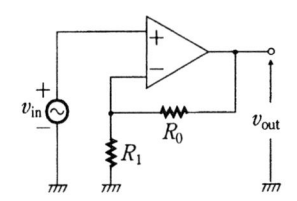

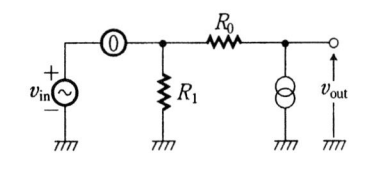

**図 8.6** 演算増幅器を用いた増幅回路(2)

**図 8.7** ナレータとノレータを用いた図 8.6 の等価回路

特に $R_0$ を零（短絡），$R_1$ を無限大（開放）とした図 8.6 の回路は電圧フォロワと呼ばれ，ソースフォロワなどのように，緩衝増幅器として用いられる．

これらの例題からわかるように，演算増幅器をナレータとノレータを用いて表現することは，解析に非常に便利である．しかし，ナレータとノレータを用いて表現した際には，入力端子の極性に関する情報が失われている．反転入力端子と非反転入力端子を逆に用いると，負帰還回路が正帰還回路になるので，回路が正常に動作しなくなる．ナレータとノレータにより表された回路を演算増幅器に置き換える際には，入力端子を反転入力端子とするか，非反転入力端子とするか注意しなければならない．

〔問 8.1〕 演算増幅器の差動利得 $A_d$ が有限として図 8.6 の回路を解析せよ．

## 8.2 演算増幅器の構成と特性

演算増幅器は，差動増幅回路の一種である．このため，MOS トランジスタを用いた演算増幅器のほとんどが，図 5.4 に示すような差動増幅回路を入力段に用いて構成されている．演算増幅器は，一般に入力段の差動増幅回路だけでは十分大きな電圧利得が得られないため，増幅部を 2 段あるいは 3 段，縦続接

続して構成するのが一般的である．

### 8.2.1 演算増幅器の基本構成

最も基本的な演算増幅器の内部回路を図 8.8 に示す．図 8.8 において $M_1$ と $M_2$ が差動増幅回路を構成し，$M_3$ と $M_4$ のカレントミラー回路により，差動増幅回路の出力信号の差が得られる．このカレントミラー回路から出力された信号が，$M_6$ を能動負荷とする p チャネルトランジスタ $M_5$ により，さらに増幅され，出力される．また，$M_8$ と電流源 $I_{BIAS}$ は，$M_6$ と $M_7$ のドレイン電流を一定とするためのバイアス回路である．これらにより，直流電流源回路が構成され，差動増幅回路や $M_5$ がバイアスされている．また，正の値を有する電源 $V_{DD}$ と負の値を有する電源 $-V_{SS}$ を用いることにより，特に入力に直流バイアス電圧を加えなくても，回路が動作するように工夫されている．

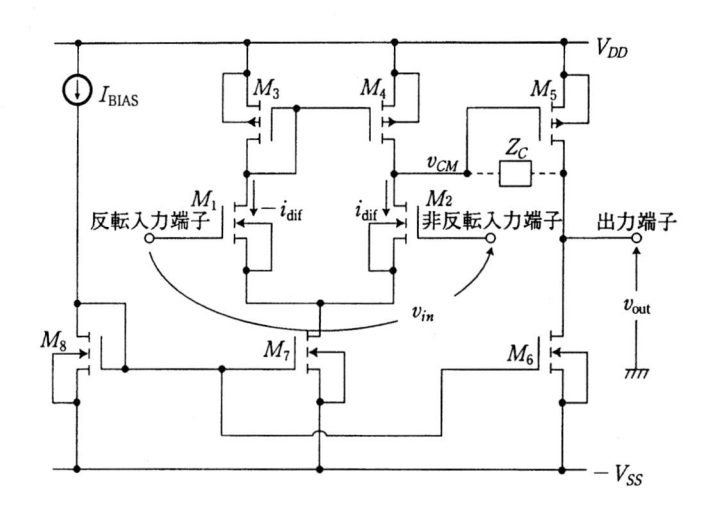

図 8.8 演算増幅器の内部構造の一例

各トランジスタの伝達コンダクタンスを $g_{mi}$，ドレイン抵抗を $r_{di}$ として，この演算増幅器の電圧利得を近似的に計算してみよう．入力部の差動増幅回路では，2 個の入力端子間に加わった入力信号電圧が電流へ変換される．この入力

電圧を $v_{\text{in}}$,変換された電流を $i_{\text{dif}}$ とすると

$$i_{\text{dif}} = \frac{g_{m1}}{2} v_{\text{in}} \tag{8.11}$$

という関係がある.ただし,$g_{m1}$ と $g_{m2}$ を等しいとしている.カレントミラー回路では,$+i_{\text{dif}}$ と $-i_{\text{dif}}$ の差がとられ,$M_2$ と $M_4$ のドレイン抵抗に流れ込み,電圧に変換される.したがって,カレントミラー回路の出力に現れる電圧 $v_{CM}$ は

$$v_{CM} = -2\,i_{\text{dif}}(r_{d2}//r_{d4}) = -g_{m1} \frac{r_{d2}r_{d4}}{r_{d2}+r_{d4}} v_{\text{in}} \tag{8.12}$$

となる.この電圧が $M_5$ と $M_6$ から構成されるソース接地増幅回路によってさらに増幅されるので,出力電圧 $v_{\text{out}}$ は

$$v_{\text{out}} = -g_{m5}(r_{d5}//r_{d6}) v_{CM} = \frac{g_{m1}g_{m5}r_{d2}r_{d4}r_{d5}r_{d6}}{(r_{d2}+r_{d4})(r_{d5}+r_{d6})} v_{\text{in}} \tag{8.13}$$

となる.したがって,この演算増幅器の差動利得 $A_d$ は

$$A_d = \frac{g_{m1}g_{m5}r_{d2}r_{d4}r_{d5}r_{d6}}{(r_{d2}+r_{d4})(r_{d5}+r_{d6})} \tag{8.14}$$

となる.

〔問 8.2〕 $g_{m1}=50\,\mu\text{S}$,$g_{m5}=200\,\mu\text{S}$,$r_{d2}=4\,\text{M}\Omega$,$r_{d4}=r_{d5}=0.5\,\text{M}\Omega$,$r_{d6}=1\,\text{M}\Omega$ として,図 8.8 の演算増幅器の差動利得を求めよ.

### 8.2.2 演算増幅器を用いた回路の安定性と周波数特性補償

#### (1) 回路の安定性

第6章でも述べたように,負帰還回路が安定に動作するためには,そのループ利得の絶対値が1となる周波数で,位相の直流からの変化が180度よりも小さくなければならない.演算増幅器を用いた負帰還回路のループ利得は,差動利得 $A_d$ と,減衰部に相当する周辺回路から定まる利得 $H$ の積である.たとえば,図8.6の回路では,式 (8.9) から $H$ は

$$H = \frac{R_1}{R_0 + R_1} \tag{8.15}$$

であるので，電圧フォロワを実現した場合に最大値，すなわち1倍となる．このとき，ループ利得も最大となり，この場合でも回路の安定性が保証されなければならない．$H$ が1倍であるから，電圧フォロワのループ利得は差動利得 $A_d$ に等しい．したがって，電圧フォロワが安定に動作するためには，差動利得 $A_d$ のボード線図が，たとえば図8.9のようになっていなければならない．図8.9で差動利得の絶対値が1倍となる周波数における位相と$-180$度との差は位相余裕と呼ばれ，演算増幅器の設計の目安となっている．

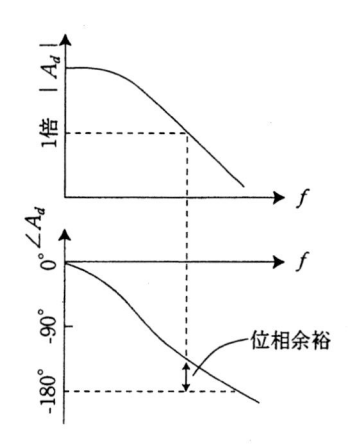

図 8.9 演算増幅器の差動利得のボード線図

#### （2） 周波数特性補償

たとえば，図8.8の演算増幅器では，破線で示した素子 $Z_C$ として容量などを付加し，ミラー効果により振幅特性を急激に減衰させて，十分な位相余裕を実現する．このように，素子を付加して周波数特性を改善することを，周波数特性補償と呼ぶ．ここでは，図8.8の演算増幅器の周波数特性を図2.8のMOSトランジスタの等価回路を用いて求め，周波数特性補償がどのように行われるか解析してみよう．

まず，$Z_C$ として容量 $C_C$ を用いた場合について考える．入力部の差動増幅回

路は，式 (8.11) と，カレントミラー回路により電流が2倍されることから，$g_{m1}v_{in}$ という値の電圧制御電流源で表すことができ，図8.8 の演算増幅器の小信号等価回路として図 8.10 が得られる．ただし，$M_1$ と $M_2$ のゲート－ソース間容量やゲート－ドレイン間容量は伝達特性にほとんど影響を与えないので，図 8.10 では無視している．また，$M_5$ のゲート－ドレイン間容量は，$C_C$ と比較して十分小さいので，これも無視している．図 8.10 から差動利得 $A_d$ は

$$A_d = \frac{g_{m1}r_{d2A}r_{d56}(g_{m5}-j\omega C_c)}{1+j\omega\{C_C(r_{d2A}+r_{d56}+g_{m5}r_{d2A}r_{d56})+C_t r_{d2A}+C_{db5}r_{d56}\}+(j\omega)^2(C_C C_t+C_t C_{db5}+C_{db5}C_C)r_{d2A}r_{d56}} \quad (8.16)$$

となる．また，第4章のゼロ時定数解析法で述べたように，$A_d$ を

$$A_d = A_0 \frac{\left(1+\dfrac{j\omega}{\omega_{z1}}\right)}{\left(1+\dfrac{j\omega}{\omega_{p1}}\right)\left(1+\dfrac{j\omega}{\omega_{p2}}\right)} \quad (8.17)$$

と表すこともできる．ここでも，$\omega_{p1}$ が $\omega_{p2}$ よりも十分小さいとして，近似すると，式 (8.17) は

$$A_d = A_0 \frac{\left(1+\dfrac{j\omega}{\omega_{z1}}\right)}{1+\dfrac{j\omega}{\omega_{p1}}+\dfrac{(j\omega)^2}{\omega_{p1}\omega_{p2}}} \quad (8.18)$$

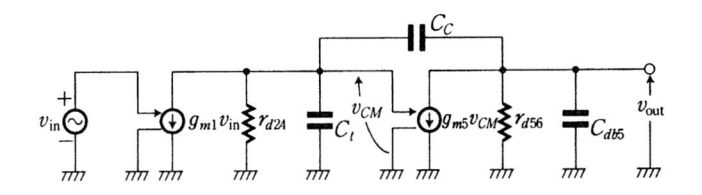

$r_{d2A}=r_{d2}//r_{d4}$, $r_{d56}=r_{d5}//r_{d6}$, $C_t=C_{db2}+C_{db4}+C_{gs5}+C_{gb5}$

図 8.10　図 8.8 の小信号等価回路

となる. 式 (8.16) と式 (8.18) を比較すれば, $A_0$, $\omega_{p1}$, $\omega_{p2}$, $\omega_{z1}$ を

$$A_0 = g_{m1} r_{d24} r_{d56} g_{m5} \tag{8.19}$$

$$\omega_{p1} = \frac{1}{C_C(r_{d24} + r_{d56} + g_{m5} r_{d24} r_{d56}) + C_t r_{d24} + C_{db5} r_{d56}} \tag{8.20}$$

$$\omega_{p2} = \frac{C_C(r_{d24} + r_{d56} + g_{m5} r_{d24} r_{d56}) + C_t r_{d24} + C_{db5} r_{d56}}{(C_C C_t + C_t C_{db5} + C_{db5} C_C) r_{d24} r_{d56}} \tag{8.21}$$

$$\omega_{z1} = -\frac{g_{m5}}{C_C} \tag{8.22}$$

と求めることができる. さらに, $g_{m5} \gg \dfrac{1}{r_{d24}}, \dfrac{1}{r_{d56}}$ 並びに $C_C \gg C_t, C_{db5}$ と近似すれば, $\omega_{p1}$ と $\omega_{p2}$ は

$$\omega_{p1} = \frac{1}{C_C g_{m5} r_{d24} r_{d56}} \tag{8.23}$$

$$\omega_{p2} = \frac{g_{m5}}{C_t + C_{db5}} \tag{8.24}$$

となる.

 $g_{m5}$ 並びに $C_C$ が十分に大きい場合は, $\omega_{p1}$ が減少し, $\omega_{p2}$ や $|\omega_{z1}|$ が $\omega_{p1}$ と比較して十分大きくなるため, 演算増幅器の特性がほぼ $\omega_{p1}$ だけで決まる. この結果, 差動利得の分子は定数で, 分母は $\omega$ の 1 次式となるので, 第 4 章でも述べたように, 演算増幅器の振幅特性は周波数が 2 倍になるごとに約 6 dB 減少し, しかも位相は周波数が増加してもほぼ $-90$ 度を保つ. したがって, $\omega_{p2}$ や $|\omega_{z1}|$ が十分大きければ, 差動利得の絶対値が 1 となる周波数においても, 位相は $-180$ 度とならず, 演算増幅器を用いた回路の安定性が保証される.

 しかし, MOS トランジスタの場合, 伝達コンダクタンス $g_m$ の値を十分に大きく設計することが困難な場合が多い. このため, $C_C$ を大きくすると $|\omega_{z1}|$ が $\omega_{p1}$ よりも十分大きくならず, その影響を無視することができなくなる. $|\omega_{z1}|$ が相対的に減少すると, 振幅特性並びに位相特性は図 8.11 のようになる. $|\omega_{z1}|$ の近傍ではその影響で振幅特性が平坦になるが, $\omega_{z1}$ が負であるた

め位相は−180度に近づく．この結果，位相が−180度である周波数においても，差動利得の絶対値が1以上となる．

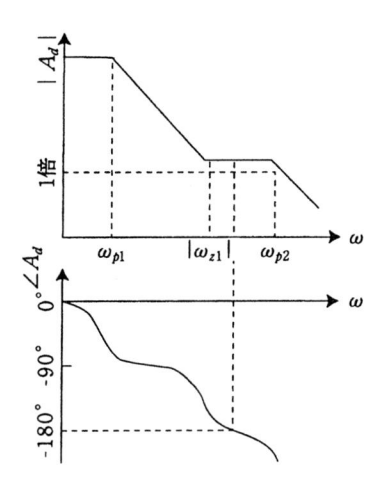

図 8.11 $\omega_{z1}$ の影響

この問題を解決する方法の一つとして，図8.12に示すように，通常ソースフォロワで実現される電圧利得1倍の緩衝増幅器を挿入し，$C_C$による入力信号の出力への直接伝送を除去する．これにより，$|\omega_{z1}|$は無限大となり，その影響は無視できる．この方法は，ソースフォロワなどの緩衝増幅器を必要とし，チップ面積や消費電流が増大するという問題点がある．より簡単な方法として，$Z_C$を容量ではなく，容量と抵抗の直列回路とする方法がある．この直列回路の容量値を$C_C$，抵抗値を$R_C$とすれば，式 (8.16) の$j\omega C_C$を$\dfrac{j\omega C_C}{1+j\omega C_C R_C}$に置き換えることにより，$\omega_{z1}$ は

$$\omega_{z1} = -\frac{1}{\left(\dfrac{1}{g_{m5}} - R_C\right) C_C} \tag{8.25}$$

となる．したがって，$R_C$を$\dfrac{1}{g_{m5}}$に等しくすれば$|\omega_{z1}|$を無限大とすることが

でき，その影響を無視できる．抵抗 $R_C$ は非飽和領域の MOS トランジスタで実現される場合が多い．

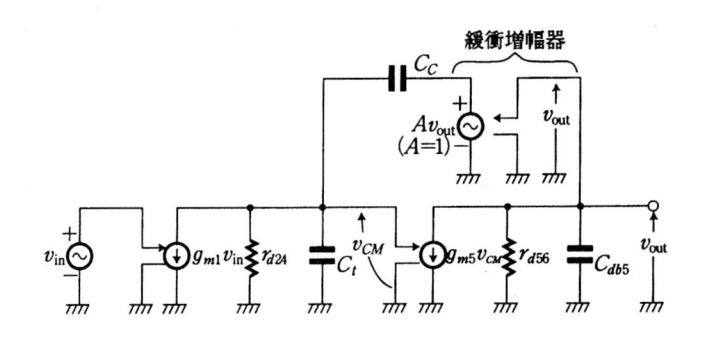

図 8.12 緩衝増幅器を用いた $\omega_{z1}$ の影響の除去

[問 8.3] 図 8.8 の演算増幅器において，問 8.2 と同じ値を用い，さらに $C_C$ を 3 pF，$C_t$ を 0.5 pF，$C_{db5}$ を 0.02 pF とし，式 (8.20) から式 (8.22) を用いて周波数 $\dfrac{\omega_{p1}}{2\pi}$, $\dfrac{\omega_{p2}}{2\pi}$, $\dfrac{|\omega_{z1}|}{2\pi}$ を求めよ．

### 8.2.3 高性能演算増幅器

演算増幅器の差動利得は十分大きくなければならないが，3段，4段の縦続接続して利得を大きくしたのでは，位相余裕が大きくとれない．差動利得を大きくし，しかも周波数特性の劣化を防ぐにはカスコード接続が有効である．カスコード接続を用いて構成した演算増幅器の例を図 8.13 に示す．図 8.13 では，n 型半導体を基板として用いることを仮定しているため，p チャネル MOS トランジスタのサブストレート端子はすべて電源 $V_{DD}$ に接続されている．

### 8.2.4 演算増幅器の特性

演算増幅器の主要な特性について，理想値と実際の値との比較を表 8.1 に示

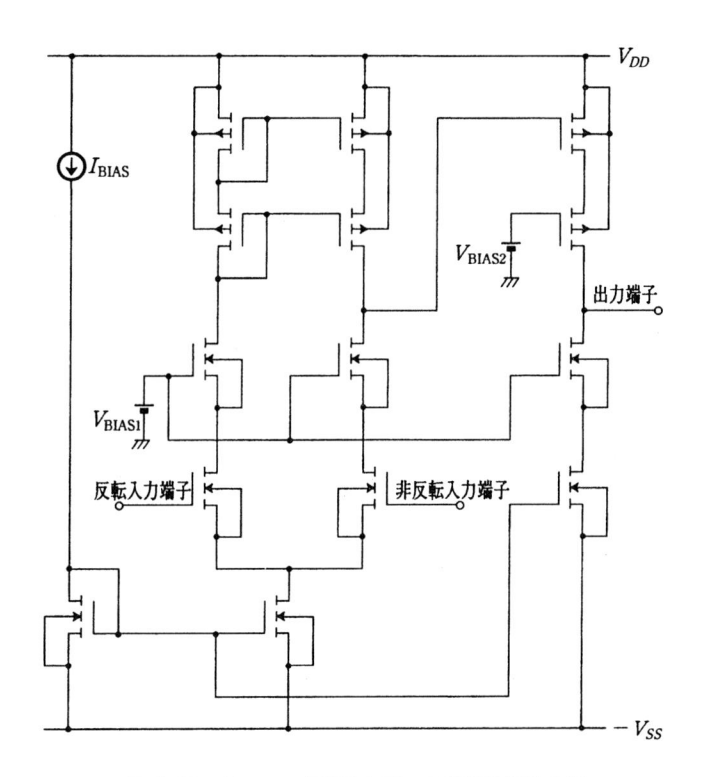

図 8.13 カスコード接続を用いた演算増幅器の例

す．実際の値は，演算増幅器を実現するためのプロセスや回路技術により大きく異なるので，表 8.1 の値は単なる目安である．

表 8.1 演算増幅器の主要な特性

| 特　性 | 理　想 | 実　際 |
|---|---|---|
| 直流差動利得 $A_d$ | $\infty$ | 80～100 dB 前後 |
| 直流同相利得 $A_d$ | 0 | 0 dB 前後 |
| 帯域幅 $f_C$ | $\infty$ | 10～100 Hz 前後 |
| 入力インピーダンス $Z_{in}$ | $\infty$ | ほぼ$\infty$ |
| 出力インピーダンス $Z_{out}$ | 0 | 1～10 kΩ 前後 |
| スルーレート | $\infty$ | 数 V/$\mu$s |
| 入力換算オフセット電圧 | 0 | 数十 mV |

### （1） 演算増幅器の主要な特性

　演算増幅器は一種の差動増幅回路であるから，差動利得と比較して同相利得は十分低くなくてはならない．また，入力インピーダンスについては，MOSトランジスタのゲート端子に直流の入力電流が流れないため，ほぼ無限大の入力インピーダンスを実現することができる．出力インピーダンスは理想との差が一見大きいように思われるが，MOS アナログ回路では周辺回路の抵抗値が大きいことと，演算増幅器が負帰還回路の増幅部として用いられるため等価的な出力インピーダンスが小さくなるので，あまり問題とはならない．

　これらの特性と異なり，理想値から大幅にかけ離れているのは帯域幅である．演算増幅器の特性の内部補償のため，帯域幅は一般に数十〜数百 Hz と低い．図 8.8 に示されるような演算増幅器の差動利得の特性は，近似的に

$$A_d = \frac{A_{d0}}{1+\dfrac{jf}{f_C}} = \frac{GB}{f_C+jf} \tag{8.26}$$

と表すことができる．ここで $GB$ は

$$GB = A_{d0} \cdot f_C \tag{8.27}$$

であり，利得帯域幅積（$GB$ 積）と呼ばれている．$GB$ 積は演算増幅器の性能を表す重要なパラメータとして用いられ，この値が大きければ大きいほど，より高い周波数領域で演算増幅器を用いることができる．100 MHz を越える $GB$ 積を持つ演算増幅器もあるが，通常数 MHz から数十 MHz 程度の $GB$ 積を持つ演算増幅器が実現されている．この程度の $GB$ 積を持つ演算増幅器を用いれば数 kHz から数十 kHz までの周波数領域であれば，実現する回路にもよるが，演算増幅器を理想的と考えて使用することができる．

### （2） 演算増幅器の2次的特性

　演算増幅器を高速に動作する回路中に用いるためには，$GB$ 積が大きいことも重要であるが，信号の時間的な変化にも追従しなければならない．スルーレートとは，許容可能な信号の時間的変化の最大値のことである．たとえ同じ周波数の正弦波でも，振幅の大きさによって信号の振幅の変化の速さが異なる．

## 8.2 演算増幅器の構成と特性

たとえば，図 8.14 の破線 $A$ と $B$ の傾きの違いから明らかなように，振幅が大きいほど単位時間当たりの振幅の変化も大きい．すなわち，正弦波 $v_{in}$

$$v_{in} = V_m \sin \omega t \tag{8.28}$$

が入力された場合，この信号がひずみなく伝わるためには，その振幅の変化

$$\frac{dv_{in}}{dt} = \omega V_m \cos \omega t \tag{8.29}$$

がスルーレートよりも小さくなければならない．

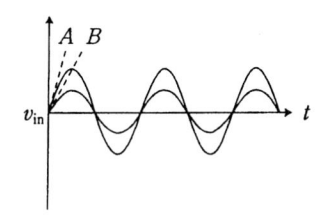

図 8.14 同一周波数正弦波信号の振幅による時間的変化の相違

スルーレートは図 8.15 に示すように，ステップ状の入力電圧を加えた場合の出力の時間応答の傾きから求めることができる．一般に正の入力電圧と負の入力電圧が加わった場合でスルーレートは異なる．たとえば図 8.8 の演算増幅器において，正の入力電圧が加わった場合のスルーレートは，入力電圧によって $M_1$ がしゃ断領域にあるため，$M_2$ を通して，$M_7$ で実現された直流電流源回路によって補償用の容量 $C_C$ が放電されることによる単位時間当たりの出力電圧の変化である．一方，負の入力電圧が加わった場合のスルーレートは，入力電圧によって $M_2$ がしゃ断領域にあるため，カレントミラー回路中のトランジスタ $M_4$ によって $C_C$ が充電されることによる単位時間当たりの出力電圧の変化である．

入力換算オフセット電圧とは，素子の特性の不揃いなどのため発生する誤差電圧である．たとえば，演算増幅器の入力段となる差動増幅回路を構成するトランジスタの特性に不揃いがあると，本来入力を加えない場合は零でなければ

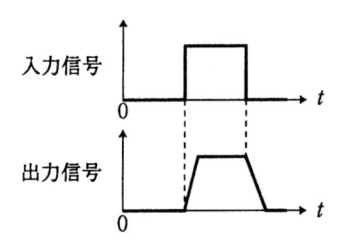

図 8.15　スルーレートによる出力信号のひずみ

ならない出力電圧が零とはならない．このような出力電圧を，図 8.16 に示すように，強制的に零とするために必要な入力電圧 $V_\text{off}$ のことを入力換算オフセット電圧と呼ぶ．

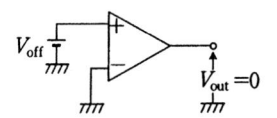

図 8.16　入力換算オフセット電圧

〔問 8.4〕　スルーレートが $10\,\text{V}/\mu\text{s}$ である演算増幅器の出力で得られる，無ひずみで 5 V の振幅の正弦波の最大周波数はいくらか．

## 8.3　演算増幅器を用いた応用回路

　演算増幅器を用いれば，トランジスタの場合と異なり，バイアスにさほど注意を払わずに容易に様々な回路を実現することができる．しかも，GB 積等の特性が理想的と見なせる場合には，演算増幅器の特性に依存せずに回路を実現することができる．ここでは，演算増幅器を用いた回路の中で，特に MOS トランジスタの特徴を利用した回路について説明しよう．

## 8.3.1 可変抵抗回路

非飽和領域で動作する，nチャネルMOSトランジスタのドレイン電流は，式 (1.4) から

$$I_D = 2K\left(V_{GS} - V_T - \frac{V_{DS}}{2}\right)V_{DS} \tag{8.30}$$

である．この式を，ゲート電位$V_G$，ドレイン電位$V_D$，ソース電位$V_S$を用いて変形すると

$$I_D = 2KV_G(V_D - V_S) - G(V_D, V_S) \tag{8.31}$$

となる．ただし，関数$G(V_D, V_S)$は

$$G(V_D, V_S) = K(V_D - V_S)(V_D + V_S + 2V_T) \tag{8.32}$$

である．

式 (8.31) において，$V_D + V_S + 2V_T$の値が$V_G$と比べて十分小さい場合，式 (8.31) の第2項である$G(V_D, V_S)$が無視でき，式 (8.31) を

$$I_D = 2KV_G(V_D - V_S) \tag{8.33}$$

と近似することができる．この式から，非飽和領域で動作するMOSトランジスタのドレイン-ソース間を抵抗として用いた場合，その抵抗値$R_{\text{MOS}}$が

$$R_{\text{MOS}} = \frac{1}{2KV_G} \tag{8.34}$$

であり，しかもその値がゲート電位$V_G$によって変えられることがわかる．

しかし，$V_D + V_S + 2V_T$が大きく，$G(V_D, V_S)$が無視できない場合は，MOSトランジスタの抵抗値が$V_D$や$V_S$に依存するため，非線形な抵抗となる．このため，$G(V_D, V_S)$を原因とする信号のひずみが発生する．

$G(V_D, V_S)$が無視できない場合は，何らかの方法によりひずみの原因である$G(V_D, V_S)$を打ち消す必要がある．式 (8.32) において，$G(V_D, V_S)$が$V_G$を含んでいないことに注意すると，$K$や$V_T$，$V_D$，$V_S$が同じでゲート電位$V_G$のみが異なる2個のMOSトランジスタのドレイン電流の差をとると，$G(V_D, V_S)$が打ち消されることがわかる．

この考え方を利用して可変抵抗回路を実現する前に，図 8.17 に示す回路について考えてみよう．演算増幅器が理想的であるとして，ナレータ-ノレータモデルに置き換えて考えると，この回路では端子①と②の電位が常に等しい．また，端子①と②の電位が等しいため 2 個の抵抗に加わる電圧も等しくなり，その抵抗値が互いに等しいので端子①と②から流れ込む電流 $I_1$ と $I_2$ も等しくなる．

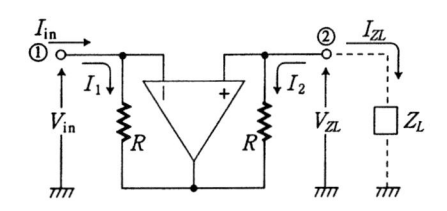

**図 8.17** 演算増幅器による負性インピーダンス変換器の実現

ここで，図 8.17 の回路の一方の端子に，破線のようにインピーダンス $Z_L$ を接続したとする．上述の回路の性質から，$Z_L$ に流れる電流 $I_{ZL}$ は

$$I_{ZL} = -I_2 = -I_1 = -I_{in} \tag{8.35}$$

となる．また，$Z_L$ に加わる電圧 $V_{ZL}$ は

$$V_{ZL} = V_{in} \tag{8.36}$$

となる．したがって，端子①から見込んだインピーダンス $Z_{in}$ は

$$Z_{in} = \frac{V_{in}}{I_{in}} = \frac{V_{ZL}}{-I_{ZL}} = -Z_L \tag{8.37}$$

となる．このように，一方の端子に素子を接続した場合に，他方の端子から見るとその素子のインピーダンスに負号がついたインピーダンスに見えるため，この回路を負性インピーダンス変換器 (Negative Impedance Converter ; NIC) と呼ぶ．

負性インピーダンス変換器を用いると電流の減算ができるので，$G(V_D, V_S)$ の項を打ち消すことができる．負性インピーダンス変換器を用いた可変抵抗回路を図 8.18 に示す．図 8.18 の 2 個の MOS トランジスタは，負性インピーダ

ンス変換器の性質から,ドレイン電位やソース電位が常に等しく,ゲート電位のみが異なっている.同じく,負性インピーダンスの性質から電流 $I_{in1}$ と $I_{in2}$ は

$$I_{in1} = I_{D1} + I_{1A} = I_{D1} + I_{2A} = I_{D1} - I_{D2} \tag{8.38}$$

$$I_{in2} = I_{2B} - I_{D1} = I_{1B} - I_{D1} = I_{D2} - I_{D1} = -I_{in1} \tag{8.39}$$

となり,2個のドレイン電流 $I_{D1}$ と $I_{D2}$ の差で表される.$I_{in2}$ の向きを考えれば,これらの式から,電流 $I_{in1}$ が端子①から端子②に流れていることと等価であることがわかる.また,$I_{D1}$ と $I_{D2}$ の差をとると $G(V_D, V_S)$ が打ち消されるので,式 (8.31) から $I_{in1}$ は

$$I_{in1} = I_{D1} - I_{D2} = 2K(V_{G1} - V_{G2})(V_D - V_S) = 2K(V_{G1} - V_{G2})(V_{in1} - V_{in2}) \tag{8.40}$$

となる.

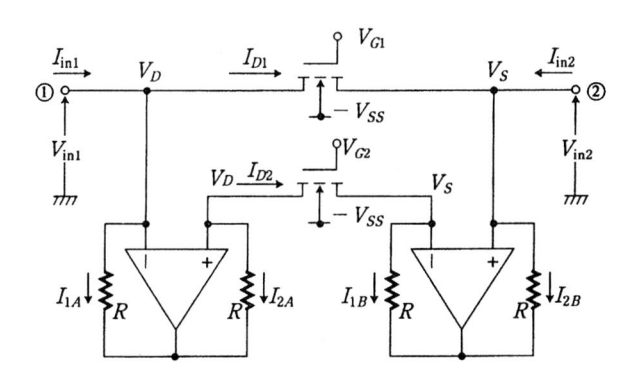

図 8.18 負性インピーダンス変換器を用いた可変抵抗回路

以上から,図 8.18 の回路が,図 8.19 に示す抵抗 $R_{eq}$ と等価の働きをすることがわかる.しかも,図 8.18 の回路の抵抗値は,ゲート電位 $V_{G1}$ や $V_{G2}$ により容易に変えることができる.

### 8.3.2 MRC

非飽和領域で動作する MOS トランジスタを用いた別の例として,図 8.20

$$R_{eq} = \frac{1}{2K(V_{G1}-V_{G2})}$$

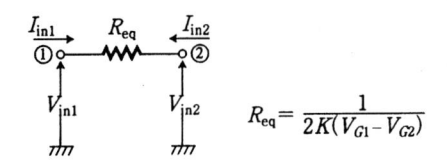

図 8.19 図 8.18 の等価回路

の回路がある．この回路は MRC（MOS Resistive Circuit）と呼ばれている．

MRC は，その出力端子③と④の電位が等しいという条件の下で，上述のひずみの打ち消し方法を巧みに利用し構成されている．MOS トランジスタ $M_1$ と $M_2$ のドレイン電流の差は，ゲート電位のみが異なることから

$$I_{D1} - I_{D2} = 2K(V_{G1}-V_{G2})(V_1-V) \tag{8.41}$$

となり，同様に $M_3$ と $M_4$ のドレイン電流の差は

$$I_{D3} - I_{D4} = 2K(V_{G1}-V_{G2})(V-V_2) \tag{8.42}$$

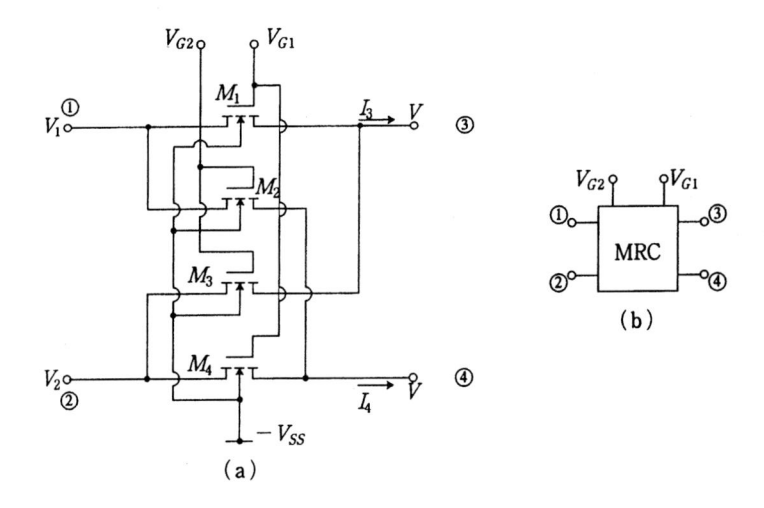

図 8.20 MOS Resistive Circuit（MRC）とその記号

となる．また，出力電流 $I_3$ と $I_4$ は

$$I_3 = I_{D1} + I_{D3} \tag{8.43}$$

$$I_4 = I_{D2} + I_{D4} \tag{8.44}$$

である．これら $I_3$ と $I_4$ の差をとると

$$I_3 - I_4 = (I_{D1} - I_{D2}) - (I_{D3} - I_{D4}) = 2K(V_{G1} - V_{G2})(V_1 - V_2) \tag{8.45}$$

を得る．すなわち，電流の差は入力電圧の差に比例し，式 (8.31) の $G(V_D, V_S)$ によって発生する信号のひずみが完全に打ち消されている．

### （1） MRC を用いた可変利得増幅回路の構成

2個の MRC と演算増幅器を用いた回路を図 8.21 に示す．演算増幅器を理想的とすれば，演算増幅器の入力端子の電位は等しいので，MRC の出力端子の電位に関する条件が満足されている．また演算増幅器の入力端子には電流が流れないことから

$$I_3 + I_3' = 0 \tag{8.46}$$

$$I_4 + I_4' = 0 \tag{8.47}$$

が成り立つ．これら2式の差をとると

$$I_3 - I_4 = -(I_3' - I_4') \tag{8.48}$$

を得る．式 (8.45) の MRC の性質を用いて式 (8.48) を変形すれば

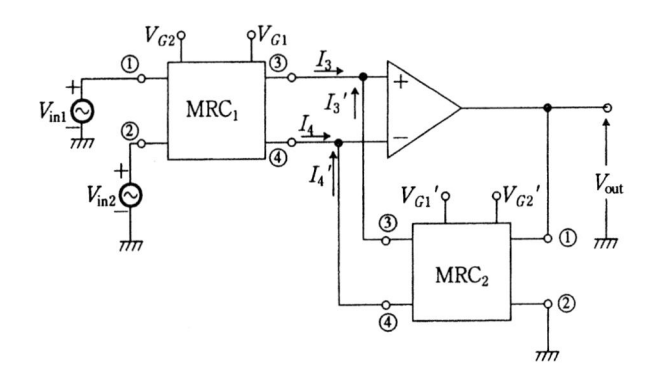

図 8.21 MRC による可変利得増幅回路の構成

となる。ただし，$K_1$ および $K_2$ はそれぞれ，$MRC_1$ と $MRC_2$ の中のトランジスタのトランスコンダクタンス係数である．

$$V_{\text{out}} = -\frac{K_1(V_{G1}-V_{G2})}{K_2(V_{G1}'-V_{G2}')}(V_{\text{in}1}-V_{\text{in}2}) \tag{8.49}$$

式 (8.49) から図 8.21 の回路は，$V_{\text{in}1}$ と $V_{\text{in}2}$ の差を増幅する回路であることがわかる．しかも $V_{G1}$ や $V_{G2}$ などを変えることにより，電圧利得を変化させることができる．また，$V_{\text{in}1}$ や $V_{\text{in}2}$ だけでなく，$V_{G1}$ や $V_{G2}$ にも信号を加えれば乗算器を，$V_{G1}'$ や $V_{G2}'$ に信号を加えた場合には除算器を実現することができる．ただし，回路の安定性から，ゲート電位 $V_{G1}'$ と $V_{G2}'$ は

$$V_{G1}' - V_{G2}' > 0 \tag{8.50}$$

を満たさなければならない．

---

〔問 8.5〕 電圧利得が1倍から5倍まで変化するように，図 8.21 の回路の $V_{G1}$，$V_{G2}$, $V_{G1}'$, $V_{G2}'$ を定めよ．ただし，$K_1=K_2$ とする．

### （2） MRC を用いた積分器の構成

図 8.22 に MRC を用いた別の回路の例を示す．図 8.22 では，MRC の出力電流 $I_3$ と $I_4$ がそれぞれ，容量 $C_1$ と $C_2$ に流れ込む．したがって，容量 $C_1$ 並びに $C_2$ にかかる電圧 $V_{C1}$, $V_{C2}$ は

$$V_{C1} = \frac{I_3}{j\omega C_1} \tag{8.51}$$

$$V_{C2} = \frac{I_4}{j\omega C_2} \tag{8.52}$$

となる．出力電圧 $V_{\text{out}}$ は，演算増幅器の入力端子の電位が等しいことから

$$V_{\text{out}} = V_{C2} - V_{C1} \tag{8.53}$$

となる．この式に式 (8.51) と式 (8.52) を代入すれば

$$V_{\text{out}} = \frac{I_4}{j\omega C_2} - \frac{I_3}{j\omega C_1} \tag{8.54}$$

が得られる．ここで，2個の容量の値が等しいとし，さらに式 (8.45) を用い

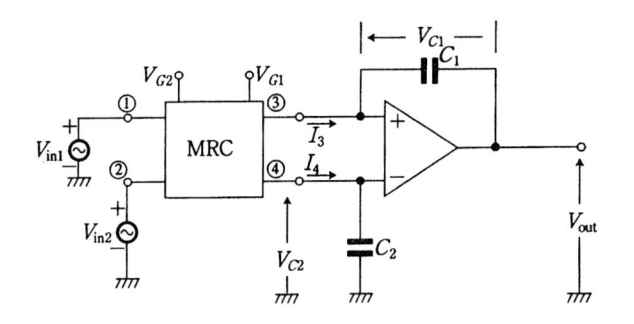

図 8.22 MRC による積分器の構成

れば

$$V_\text{out} = -\frac{2K(V_{G1}-V_{G2})}{j\omega C_1}(V_\text{in1}-V_\text{in2}) \tag{8.55}$$

となる.

図 8.22 の回路は積分器と呼ばれている. これは, 式 (8.51) や式 (8.52) が周波数領域で表されているのに対して, 時間領域では

$$V_{C1} = \int \frac{I_3}{C_1} dt \tag{8.56}$$

$$V_{C2} = \int \frac{I_4}{C_2} dt \tag{8.57}$$

となり, これらより $V_\text{out}$ の時間領域での表現が

$$V_\text{out} = -\frac{2K(V_{G1}-V_{G2})}{C_1}\int (V_\text{in1}-V_\text{in2})dt \tag{8.58}$$

と入力電圧の積分の形で表されるためである.

〔問 8.6〕 MRC を用いて微分器を実現せよ. また, 微分器の問題点について考えよ.

## 演 習 問 題

**8.1** 演算増幅器の等価回路として図 8.E1 を用いた場合，図 8.2 の伝達特性 $\dfrac{v_\mathrm{out}}{v_\mathrm{in}}$ を求めよ．また，差動利得 $A_d$ を無限大とすると，式 (8.5) となることを確かめよ．

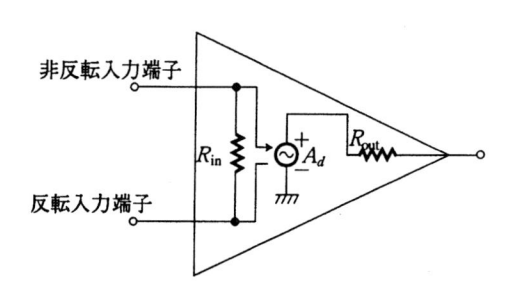

図 8.E1

**8.2** 図 8.E2 はウィーンブリッジ発振回路と呼ばれる回路である．この発振回路の周波数条件並びに電力条件を求めよ．ただし，演算増幅器は理想的でナレータとノレータで表されるものとする．

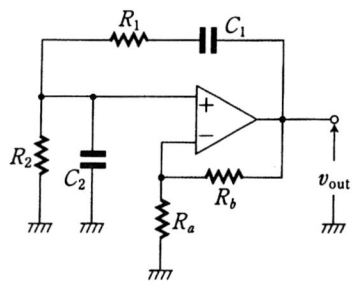

図 8.E2

**8.3** 図 8.E3 の回路の出力電圧 $V_\mathrm{out}$ を，入力電圧 $V_\mathrm{in}$ やトランスコンダクタンス係数 $K$，ゲート電位 $V_{G_1}, V_{G_2}$，容量値 $C$ を用いて表せ．ただし，演算増幅器は理想的でナレータとノレータで表され，またすべてのトランジスタは非飽和領域で動作し，$K$ やしきい電圧 $V_T$ は等しく，ドレイン電流は式 (8.31) で表されるものとする．

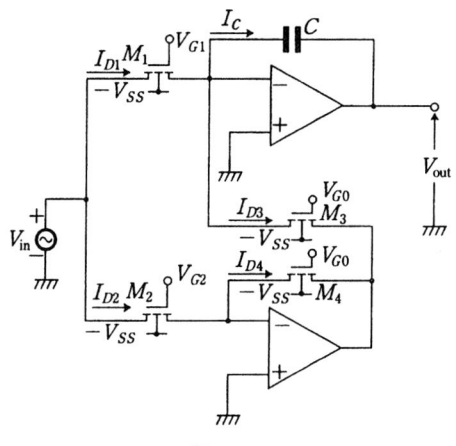

図 8.E 3

8.4 図 8.E 4 は，端子①から見ると容量 $C$ が定数倍されるため，キャパシタンスマルチプライヤと呼ばれている．入力アドミタンス $Y_\mathrm{in}=\dfrac{I_\mathrm{in}}{V_\mathrm{in}}$ が

$$Y_\mathrm{in}=\frac{I_\mathrm{in}}{V_\mathrm{in}}=j\omega C\,\frac{V_{G1}-V_{G2}}{V_{G2}-V_{G3}}$$

となることを示せ．ただし，演算増幅器は理想的でナレータとノレータで表さ

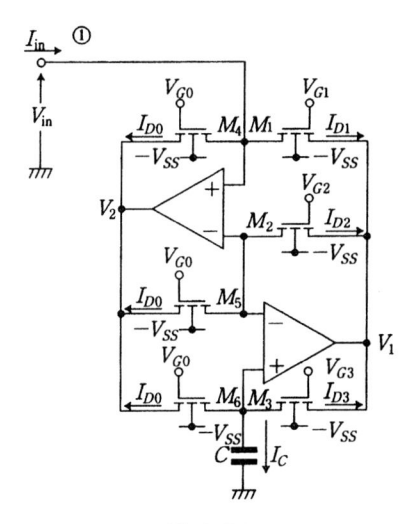

図 8.E 4

れ，また，すべてのトランジスタは非飽和領域で動作し，トランスコンダクタンス係数 $K$ やしきい電圧 $V_T$ は等しく，ドレイン電流は式 (8.31) で表されるものとする．

8.5 図 8.E5 は，図 8.17 の負性インピーダンス変換器を応用した回路である．以下の問に答えよ．

(1) 入力インピーダンス $Z_{\text{in}} = \dfrac{V_{\text{in}}}{I_{\text{in}}}$ は $j\omega L$ となり，図 8.E5 の回路をインダクタンスとして用いることができることを示せ．また，$L$ の値を求めよ．

(2) 図 8.18 のように，抵抗 $R_G$ を非飽和領域で動作する MOS トランジスタで置き換え，インダクタンスが電子的に可変の回路を実現せよ．

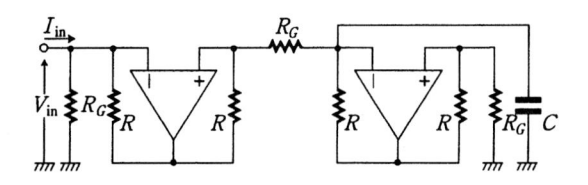

図 8.E5

8.6 図 8.E6 の回路において，演算増幅器は理想的でナレータとノレータで表され，また MRC 内のトランジスタを含めてすべてのトランジスタは非飽和領域で動作し，トランスコンダクタンス係数 $K$ やしきい電圧 $V_T$ は等しく，ドレイン電

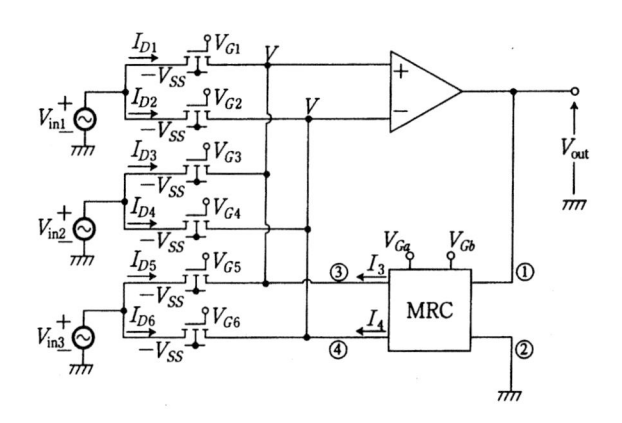

図 8.E6

流は式 (8.31) で表されるものとする．以下の問に答えよ．
(1) $(I_{D1}+I_{D3}+I_{D5})-(I_{D2}+I_{D4}+I_{D6})$ を求めよ．
(2) (1) で求めた電流値が電圧 $V$ に無関係となるためのゲート電位 $V_{Gi}$ ($i=1\sim6$) の条件を求めよ．
(3) (2) で求めた条件のもとで，$V_{\text{out}}$ を求めよ．

# 9 回路シミュレータ

回路シミュレータとは，人間には手に負えない大規模で複雑な回路の動作を短時間に解析することのできる回路解析用プログラムのことである．代表的な回路シミュレータとして，SPICE（Simulation Program with Integrated Circuit Emphasis）が世界的に知られている．SPICEは，1970年代前半にカリフォルニア大学バークレイ校にて開発され，現在最も幅広く受け入れられている標準的回路解析プログラムである．SPICEは，直流解析や交流解析，過渡解析，フーリエ解析などを行うことができる．本章では，SPICEに代表される回路シミュレータの機能の概要について説明する．

## 9.1 回路の記述

回路シミュレータによって回路の解析を行う場合，回路構造や素子値を回路シミュレータにあらかじめ入力しなければならない．たとえば，抵抗などは

$$\text{RXXX} \quad 1 \quad 2 \quad 10\,\text{K} \tag{9.1}$$

と記述される．最初の文字のRは抵抗（Resistor）を表し，XXXは，回路中の多数の抵抗を区別するために適当な文字や数字などを付ける．次の2個の数字は，回路の節点の番号を表している．この数字は，a, b, cなどの文字や文字列でもよい場合もある．最後の数字は抵抗の値である．Kは$10^3$を表している．また，Mは$10^{-3}$，Uは$10^{-6}$，Nは$10^{-9}$，Pは$10^{-12}$を表し，MEGは$10^6$，Gは$10^9$を表す文字である．

以上をまとめると，式 (9.1) は，抵抗RXXXが1番と2番の節点の間に接続され，その抵抗値が10 kΩであることを表している．このように，すべての

## 9.1 回路の記述

素子の値や接続状態を表したものが入力データとなる．この入力データのことをネットリストと呼ぶ．

SPICE における主な素子についての記述方法を表 9.1 に，回路解析の種類並びに出力の表示方法に関する記述を表 9.2 にそれぞれ示す．なお，回路解析については 9.2 節で説明する．

表 9.1 主な素子の記述

| | | | | |
|---|---|---|---|---|
| 抵　抗 | RXXX | 節点番号 | 節点番号 | 素子値 |
| 容　量 | CXXX | 節点番号 | 節点番号 | 素子値 |
| インダクタ | LXXX | 節点番号 | 節点番号 | 素子値 |
| 直流電圧源 | VXXX | 節点番号＋ | 節点番号－ | DC 直流電圧値 |
| 交流電圧源 | VXXX | 節点番号＋ | 節点番号－ | AC 交流電圧値 |
| 正弦波電圧源 | VXXX | 節点番号＋ | 節点番号－ | |
| | ＋ | SIN（直流分　振幅　周波数　開始時刻　振幅減衰率） | | |
| 直流電流源 | IXXX | 節点番号＋ | 節点番号－ | DC 直流電流値 |
| 交流電流源 | IXXX | 節点番号＋ | 節点番号－ | AC 交流電流値 |
| 正弦波電流源 | IXXX | 節点番号＋ | 節点番号－ | |
| | ＋ | SIN（直流分　振幅　周波数　開始時刻　振幅減衰率） | | |
| MOS トランジスタ | MXXX | ドレイン節点番号　ゲート節点番号 | | |
| | ＋ | ソース節点番号　サブストレート節点番号　モデル名 | | |
| | ＋ | L＝チャネル長　W＝チャネル幅 | | |
| 電圧制御電圧源 | EXXX | 節点番号＋　節点番号－ | | |
| | ＋ | 制御端子節点番号＋　制御端子節点番号－　電圧利得 | | |
| 電圧制御電流源 | GXXX | 節点番号＋　節点番号－ | | |
| | ＋ | 制御端子節点番号＋　制御端子節点番号－　伝達コンダクタンス | | |
| 電流制御電圧源 | HXXX | 節点番号＋　節点番号－ | | |
| | ＋ | 電圧源名（VXXX のこと）　伝達抵抗 | | |
| 電流制御電流源 | FXXX | 節点番号＋　節点番号－ | | |
| | ＋ | 電圧源名（VXXX のこと）　電流利得 | | |

（注1："＋"で始まる行は前の行からの続きとなる継続行を表す．以下の表においても同様）
（注2：電圧源の場合，節点番号－から節点番号＋の向きが電圧の正方向）
（注3：電流源の場合，節点番号＋から節点番号－の向きが電流の正方向）

表 9.1 中の MOS トランジスタを記述するために必要な「モデル名」とは，解析に使用する MOS トランジスタなどが，どのような特性を持っているかを

表 9.2 主な解析方法および表示方法の記述

| | | |
|---|---|---|
| 交流解析 | .AC | 掃引方法（DEC または LIN）解析点の数 |
| | + | 解析開始周波数　解析終了周波数 |
| 過渡解析 | .TRAN | 表示時間幅　解析終了時刻 |
| | + | 〈表示開始時刻　〈解析最大時間分解能〉〉〈UIC〉 |
| フーリエ解析 | .FOUR | 解析基準周波数　V（節点番号） |
| グラフ出力 | .PLOT | 解析の種類（AC, TRAN など）〈V（節点番号）〉〈I（電圧源名）〉 |
| 数値出力 | .PRINT | 解析の種類（AC, TRAN など）〈V（節点番号）〉〈I（電圧源名）〉 |

(注1：DEC は対数目盛りで等間隔の解析点を選択，LIN は線形目盛りで等間隔の解析点を選択)
(注2：〈　〉内は記述しなくてもよいことを表す)
(注3："UIC" とは容量に蓄えられている電荷の初期値等を定め，その値を出発点として過渡解析を行うための指定)

表している特定のモデルにつけられた名前である．この特定のモデルは同じ「モデル名」の「.MODEL」に記述されている．表9.3に「.MODEL」の記述方法と，参考として n チャネル MOS トランジスタ並びに p チャネル MOS トランジスタの記述例を示す．

　SPICE ではネットリストの1行目は注釈行となる．最後の行は「.END」で終わらなければならない．しかし，2行目から「.END」の前の行までの記述の順序は任意である．また，SPICE において接地点の節点番号は 0 番と決め

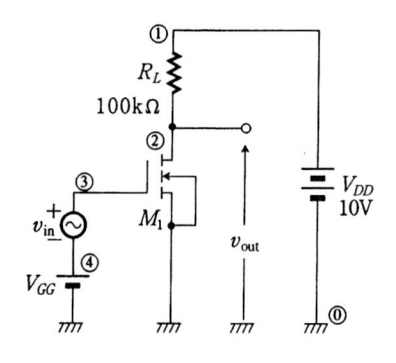

図 9.1　回路解析のための例題

表 9.3 素子モデルの記述と例題

| 「.MODEL」の記述方法 | | | |
|---|---|---|---|
| | .MODEL | モデル名 タイプ (パラメータ1=数値 パラメータ2=数値 …) | |
| タ　イ　プ： | NMOS | n チャネル MOS トランジスタのモデルであることを表す | |
| | PMOS | p チャネル MOS トランジスタのモデルであることを表す | |
| | NPN | npn トランジスタのモデルであることを表す | |
| | PNP | pnp トランジスタのモデルであることを表す | |
| | D | ダイオードのモデルであることを表す | |
| パラメータ： | LEVEL | MOS トランジスタのモデリング手法 | |
| | | (1,2,などの数値で手法を表す) | |
| | VTO | 基板効果の影響がない場合のしきい電圧 | 〔V〕 |
| | KP | 単位面積当たりのゲート酸化膜容量と移動度との積 | 〔S/V〕 |
| | | (単位トランスコンダクタンス係数の2倍) | |
| | GAMMA | 基板効果を表すパラメータ | 〔$V^{1/2}$〕 |
| | | (式 (1.10) の $\gamma$) | |
| | NSUB | サブストレートの不純物濃度 | 〔$cm^{-3}$〕 |
| | LAMBDA | チャネル長変調係数 | 〔$V^{-1}$〕 |
| | CGSO | ゲート・ソースオーバラップ容量 | 〔F/m〕 |
| | CGDO | ゲート・ドレインオーバラップ容量 | 〔F/m〕 |
| | (注：鍵括弧内は単位を表す) | | |

n チャネル MOS トランジスタのモデル例
```
    .MODEL MN NMOS(LEVEL=2  VTO=0.8   KP=5 E-5   GAMMA=0.64  NSUB=9 E+15
+                 LAMBDA=0.022  CGSO=3 E-10  CGDO=3 E-10)
```
p チャネル MOS トランジスタのモデル例
```
    .MODEL MP PMOS(LEVEL=2  VTO=-0.8  KP=2.2 E-5  GAMMA=0.66  NSUB=1 E+16
+                 LAMBDA=0.054  CGSO=3 E-10  CGDO=3 E-10)
```

られている．表9.1～表9.3を用いて図9.1に示す増幅回路のネットリストを作成した結果を表9.4に示す．

表9.4に示すネットリストは，図9.1の回路について，対数目盛りの周波数軸で 100 Hz から 100 MHz まで，周波数が10倍となるごとに等間隔で10点の周波数で交流解析を行い，2番の節点（ドレイン端子）の電位の解析結果をグラフの形で出力することを表している．

表 9.4　図9.1の回路の解析のためのネットリスト

```
Resistively-loaded common-source amplifier
VDD  1   0      DC    10
VIN  3   4      AC    1
VGG  4   0      DC    1.3
RL   1   2    100 K
M1   2   3      0    0  MN  L=2 U  W=16 U
*    "MN" stands for "Model Name".
.MODEL MN NMOS(LEVEL=2  VTO=0.8  KP=5 E-5  GAMMA=0.64
+            NSUB=9 E+15  LAMBDA=0.022  CGSO=3 E-10
+            CGDO=3 E-10)
.AC DEC 10 100 100 MEG
.PLOT AC V(2)
.END
```

(注："*"で始まる行は注釈行を表す)

## 9.2　回路の解析

回路シミュレータにおいてネットリストが与えられると，その指示に従って様々な解析が行われる．たとえば，回路に小信号が加えられた場合の動作を解析するためには，前章までに行っていたように，回路のバイアス状態を知らなければならない．したがって，回路シミュレータにおいても最初に直流解析が行われる．この結果に基づき，交流解析，過渡解析などが行われる．

### 9.2.1　直流解析

直流解析の結果はすべての解析で利用されるため，SPICEなどでは特別な指定をしなくても直流解析が自動的に行われる．基本的には，容量を開放し，インダクタを短絡した状態で，各部の電圧や電流を求める．

図9.1の増幅回路の直流解析を行うための等価回路を図9.2に示す．一般にMOSトランジスタが，2乗則に代表されるように，非線形な特性を有してい

## 9.2 回路の解析

る．そこで，図9.2では，2乗則を仮定してMOSトランジスタをゲート-ソース間電圧によって制御される電圧制御電流源によって等価的に表している．

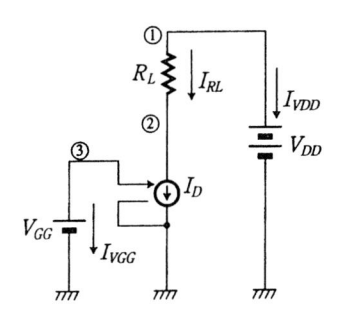

**図 9.2** 図 9.1 の直流等価回路

一般に，計算機上で回路解析を行うためには，各節点の電位と電圧源の電流を変数として方程式を立てる．図9.2の場合，節点①,②,③それぞれの電位を$V_1, V_2, V_3$とし，電圧源$V_{DD}, V_{GG}$の電流を$I_{VDD}, I_{VGG}$とすれば，節点①,②,③に関してキルヒホフの電流則から

$$I_{VDD} + I_{RL} = 0 \tag{9.2}$$

$$-I_{RL} + I_D = 0 \tag{9.3}$$

$$I_{VGG} = 0 \tag{9.4}$$

を得る．また，キルヒホフの電圧則により，電圧源$V_{DD}$と$V_{GG}$は

$$V_{DD} - V_1 = 0 \tag{9.5}$$

$$V_{GG} - V_3 = 0 \tag{9.6}$$

と表される．

一方，抵抗やMOSトランジスタなどの素子関係式から

$$I_{RL} = \frac{1}{R_L}(V_1 - V_2) \tag{9.7}$$

$$I_D = K(V_3 - V_T)^2 \tag{9.8}$$

という関係が得られる．

これら2式をキルヒホフの電流則並びに電圧則から得た式 (9.2)〜式 (9.

6) に代入すると

$$I_{VDD} + \frac{1}{R_L}(V_1 - V_2) = 0 \tag{9.9}$$

$$-\frac{1}{R_L}(V_1 - V_2) + K(V_3 - V_T)^2 = 0 \tag{9.10}$$

$$I_{VGG} = 0 \tag{9.11}$$

$$V_{DD} - V_1 = 0 \tag{9.12}$$

$$V_{GG} - V_3 = 0 \tag{9.13}$$

と表される．この結果，式の数が5個で変数の数も5個となるので，式 (9.9)～式 (9.13) を連立させることにより，すべての節点の電位，さらには式 (9.7) や式 (9.8) などを用いて各素子の電流値までも求めることができる．上述の手法を用いれば，一般の回路の場合にも式の数と変数の数が一致し，すべての節点の電位を求めることができる．

MOSトランジスタなどの非線形な特性を持つ素子を含む回路の解析の場合，上述の例からも明らかなように，一般には非線形連立方程式を解くことになる．非線形連立方程式を解くための数値解析手法として，ニュートン法がよく用いられる．

### 9.2.2 交流解析

交流解析とは，すべての素子の特性をバイアス点で直線近似して，定常状態における回路の交流入力信号に対する応答を解析することである．すなわち，小信号解析のことである．バイアス点は直流解析で得られた結果を用い，MOSトランジスタなどの素子が有する非線形な特性を直線近似して，小信号等価回路を得る．

交流解析が直流解析と異なる点は，容量やインダクタを含めた解析を行わなければならないことだけである．電圧 $v$ と電流 $i$ の関係を表す素子関係式は，抵抗や容量，インダクタの区別なく，

$$v = Zi \tag{9.14}$$

と表すことができる．ただし，インピーダンス $Z$ は，抵抗の場合には抵抗値 $R$ であり，容量 $C$ やインダクタ $L$ の場合はそれぞれ

$$Z = \frac{1}{j\omega C} \tag{9.15}$$

$$Z = j\omega L \tag{9.16}$$

となる．したがって，角周波数 $\omega$ の値を与えれば，直流解析で行った方法と同様に，キルヒホフの電流則などを用いて解析を行うことができる．直流解析ではすべての素子値が実数値であったが，交流解析では複素数を含んでいる点が異なる．当然，求められる電圧値や電流値も複素数となる．この複素数を極座形式で表した場合，その大きさが振幅を，角度が位相を表している．

### 9.2.3 過渡解析

過渡解析は，回路の出力などが，ある時刻から時間の移り変わりとともに，どのように変化するかを知るための解析である．このような，回路の時間的な応答を求める場合，定常解析とは異なり，インピーダンスの概念を用いることができない．しかしながら，よく知られているように容量 $C$ にかかる電圧 $V_C$ と流れる電流 $I_C$ の間には

$$I_C = C\frac{dV_C}{dt} \tag{9.17}$$

という関係が成り立つ．インダクタ $L$ についても

$$V_L = L\frac{dI_L}{dt} \tag{9.18}$$

という式が成り立つ．ただし，$V_L$ や $I_L$ は，それぞれインダクタ $L$ にかかる電圧，インダクタ $L$ に流れる電流である．これらの式を用いて解析を行えば，回路の時間的な応答が求められる．

ここで，式 (9.17) や式 (9.18) を近似的に計算するための方法について考えてみよう．ある時刻 $t_n$ で，すべての電圧値と電流値がわかっているとする．たとえば，容量 $C$ の電圧値と電流値がそれぞれ $V_{Cn}$ と $I_{Cn}$ であるとする．次の

時刻 $t_{n+1}$ における，これらの電圧値 $V_{Cn+1}$ や電流値 $I_{Cn+1}$ を求めるために，微分が変化量を表していることから，$\dfrac{dV_C}{dt}$ を

$$\frac{dV_C}{dt} \fallingdotseq \frac{V_{Cn+1} - V_{Cn}}{t_{n+1} - t_n} \tag{9.19}$$

と近似する．これを式 (9.17) に代入すると $I_{Cn+1}$ は

$$I_{Cn+1} \fallingdotseq C \frac{V_{Cn+1} - V_{Cn}}{t_{n+1} - t_n} \tag{9.20}$$

となる．さらに，時刻 $t_n$ と $t_{n+1}$ の間隔 $h_{n+1}$，すなわち，

$$h_{n+1} = t_{n+1} - t_n \tag{9.21}$$

を用いると，式 (9.20) は

$$I_{Cn+1} \fallingdotseq \frac{C}{h_{n+1}} V_{Cn+1} - \frac{C}{h_{n+1}} V_{Cn} \tag{9.22}$$

と書き改めることができる．この式の右辺第 1 項は，$I_{Cn+1}$ の一部の電流が $V_{Cn+1}$ に比例することを表しているので，抵抗に相当することがわかる．また，第 2 項は，時刻 $t_{n+1}$ において容量に加えられている電圧 $V_{Cn+1}$ とは全く無関係な電流を表しているので，電流源であることがわかる．これらのことを等価回路で表すと図 9.3 (a) となる．

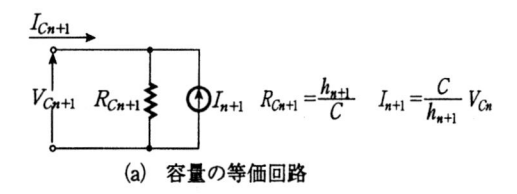

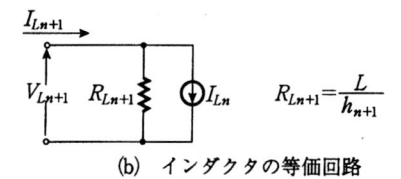

(a) 容量の等価回路  $R_{Cn+1} = \dfrac{h_{n+1}}{C}$　$I_{n+1} = \dfrac{C}{h_{n+1}} V_{Cn}$

(b) インダクタの等価回路  $R_{Ln+1} = \dfrac{L}{h_{n+1}}$

図 9.3 過渡解析のための等価回路

## 9.2 回路の解析

インダクタ $L$ についても同様に，時刻 $t_n$ における電圧値と電流値をそれぞれ $V_{Ln}$ と $I_{Ln}$ であるとする．次の時刻 $t_{n+1}$ における電流値 $I_{Ln+1}$ を用いて，$\dfrac{dI_L}{dt}$ は

$$\frac{dI_L}{dt} \fallingdotseq \frac{I_{Ln+1}-I_{Ln}}{t_{n+1}-t_n} \tag{9.23}$$

と近似でき，これを式 (9.18) に代入する．この結果，時刻 $t_{n+1}$ における電圧値 $V_{Ln+1}$ は

$$V_{Ln+1} \fallingdotseq L\,\frac{I_{Ln+1}-I_{Ln}}{t_{n+1}-t_n} = L\,\frac{I_{Ln+1}-I_{Ln}}{h_{n+1}} \tag{9.24}$$

となる．ただし，$h_{n+1}$ は容量と同様に $t_{n+1}-t_n$ である．式 (9.24) からインダクタの等価回路は図 9.3 (b) となる．

上述の等価回路を導出する手法を用いれば，すべての回路は抵抗と電源だけからなる回路となり，過渡解析の方法は直流解析と全く同じとなる．また，過渡解析の最初の時刻での電圧値や電流値が既知であることを仮定していた．この条件は，直流解析を行い，その結果を過渡解析を始める時刻での電流値や電圧値とすることで満足される．なお，SPICE では過渡解析を開始する時刻での初期電圧値などを設定することもできる．

### 9.2.4 その他の解析

回路シミュレータでは，直流解析や交流解析，過渡解析以外にも，フーリエ解析や雑音解析，感度解析などを行うことができる．

フーリエ解析とは，過渡解析の結果を用いて信号の基本波や高調波を求める解析のことである．この解析結果から信号のひずみの大きさなどを知ることができる．

雑音解析とは，トランジスタや抵抗が発生する雑音がどのように出力などに現れるかを解析することである．基本的には，交流解析と同じことを行う．

感度解析とは，ある素子の値の変化が出力などに与える影響を解析することである．この解析を行うことにより，どの素子が所望の特性に与える影響が大きいかが明らかとなる．

さらに、これら以外にも様々な解析方法や解析技術がある．特に大規模回路を高速に、しかも高精度に解析する技術が望まれ、様々な試みがなされている．

## 9.3 回路解析の例

図9.4に示す差動増幅回路について、直流解析や交流解析、過渡解析を行ってみよう．ただし、基板がp型半導体であることを仮定しているため、nチャネルMOSトランジスタのサブストレート端子は接地点に接続されている．

簡単のため、図9.4の回路には、差動入力電圧のみが与えられているとする．この回路では、pチャネルMOSトランジスタで構成されたカレントミラー回路により出力電流の減算が行われ、減算された電流が負荷である抵抗$R_L$に流れ込み、電圧に変換される．2乗則を用いて、電圧利得$\dfrac{2v_{\text{out}}}{v_{\text{in}+}-v_{\text{in}-}}$が4倍となるように設計すると、各トランジスタのチャネル長並びにチャネル幅は表9.5のネットリストに示す通りとなる．また、2乗則から得られる直流電位は、図9.4の括弧内に示した値となる．なお、表9.5は交流解析のためのネットリストであり、".PLOT"の最後にある"VDB (3)"とは節点③の交流電圧$v_{\text{out}}$をデ

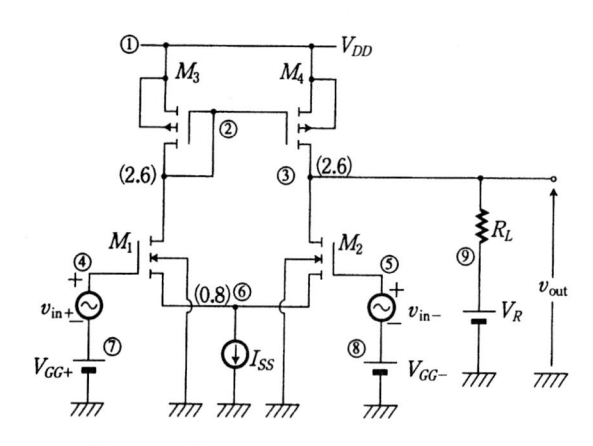

図 9.4 計算機のシミュレーションの例題(1)

## 9.3 回路解析の例

表 9.5 図 9.4 の回路のネットリスト

```
Differential amplifier
VDD     1   0   DC   5
VIN+    4   7   AC   1
VIN-    5   8   AC   -1
VGG+    7   0   DC   1.8
VGG-    8   0   DC   1.8
VR      9   0   DC   2.6
ISS     6   0   DC   16 U
M 1     2   4   6   0   MN   L=10 U   W=80 U
M 2     3   5   6   0   MN   L=10 U   W=80 U
M 3     2   2   1   1   MP   L=35 U   W=10 U
M 4     3   2   1   1   MP   L=35 U   W=10 U
RL      3   9   25 K
.MODEL  MN  NMOS(LEVEL=2  VTO=0.8  KP=5 E-5  GAMMA=0.64
+              NSUB=9 E+15  LAMBDA=0.022  CGSO=3 E-10
+              CGDO=3 E-10)
.MODEL  MP  PMOS(LEVEL=2  VTO=-0.8  KP=2.2 E-5  GAMMA=0.66
+              NSUB=1 E+16  LAMBDA=0.054  CGSO=3 E-10
+              CGDO=3 E-10)
.AC   DEC   10   100   100 MEG
.PLOT  AC  VDB(3)
.END
```

シベル表示することを表している.

　まず，直流解析の結果，".MODEL" に示される n チャネル MOS トランジスタ並びに p チャネル MOS トランジスタのモデルを用いた場合，この差動増幅回路の各部の直流電位は表 9.6 となる.

　$V(6)$ の電位が 2 乗則から求めた値から約 0.2 V 異なっている. これは基板

表 9.6 図 9.4 の差動増幅回路の各部の直流電位

| | | | |
|---|---|---|---|
| $V(1)=5.0$ V, | $V(2)=2.4971$ V, | $V(3)=2.5983$ V, | $V(4)=1.8$ V, |
| $V(5)=1.8$ V, | $V(6)=0.5872$ V, | $V(7)=1.8$ V, | $V(8)=1.8$ V, |
| $V(9)=2.6$ V | | | |

効果の影響により,しきい電圧が約 0.2 V 増加したためである.

さらに,このバイアス点で直線近似した結果,各トランジスタのトランスコンダクタンス $g_m$ やドレイン抵抗 $r_d$ などの交流解析用パラメータは表 9.7 となる.

表 9.7 各トランジスタの交流解析用パラメータ

| M1 | | | M2 | | |
|---|---|---|---|---|---|
| $g_m$ | $|g_{mb}|$ | $r_d$ | $g_m$ | $|g_{mb}|$ | $r_d$ |
| 7.2453 E−5 | 1.9862 E−5 | 5.4493 E 6 | 7.2623 E−5 | 1.8438 E−7 | 5.4236 E 6 |
| M3 | | | M4 | | |
| $g_m$ | $|g_{mb}|$ | $r_d$ | $g_m$ | $|g_{mb}|$ | $r_d$ |
| 9.5758 E−6 | 2.8055 E−6 | 2.0029 E 6 | 9.5122 E−6 | 2.7871 E−6 | 2.0297 E 6 |

ただし,$g_m$ 並びに $|g_{mb}|$ の単位は S,$r_d$ の単位は Ω.

表 9.7 のパラメータを基に交流解析を行った結果を図 9.5 に示す.解析結果から図 9.4 の差動増幅回路の差動利得が 10.7 dB(3.43 倍),差動利得のしゃ断周波数が約 12 MHz であることがわかる.差動利得が設計値の 4 倍から減少した主な理由は,伝達コンダクタンス $g_m$ の設計値からの偏差とチャネル長変調効果の影響である.

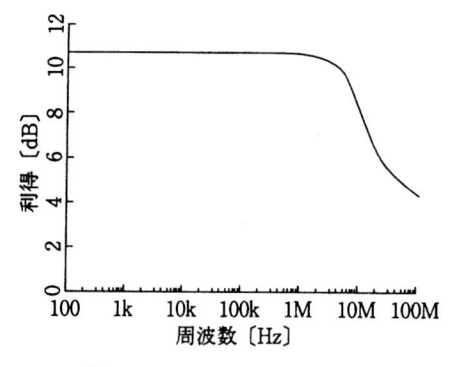

図 9.5 図 9.4 の交流解析結果

次に入力として振幅 0.1 V の正弦波電圧を加え,過渡解析を行った結果を図 9.6 に示す.正弦波電圧を加えても,初めは過渡状態にあるため波形がひずん

でいるが，その後は見かけ上ほぼ正弦波状の出力波形が得られる．しかし，この波形の全高調波ひずみ率（実際には第9次高調波までを考慮している）は約3.0%という，大きめの値となる．

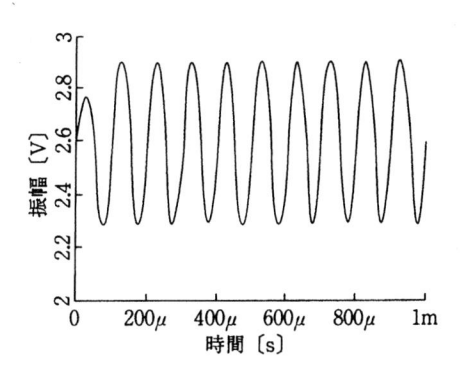

図 9.6 図9.4の過渡解析結果

他の例題として，出力信号の波形ひずみを低減した，図9.7に示す差動増幅回路について過渡解析を行ってみよう．図9.4と同様に，簡単のため差動入力

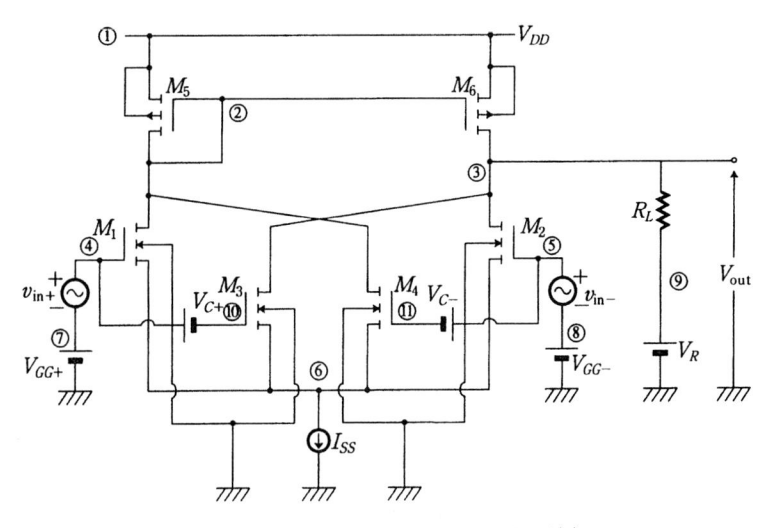

図 9.7 計算機シミュレーションの例題(2)

電圧のみが与えられ，pチャネルMOSトランジスタで構成されたカレントミラー回路により出力電流の減算が行われ，減算された電流が負荷である抵抗$R_L$に流れ込み，電圧に変換されている．解析のためのネットリストを表9.8に示す．ただし，表9.8中の". OPTIONS LIMPTS=10000"とは，SPICEであらかじめ決められている過渡解析の解析点の上限（201点）を10 000点に変更するための命令である．

表 9.8　図9.7の回路のネットリスト

```
Linearized differential amplifier
VDD     1   0    DC   5
VIN+    4   7    SIN(0  0.1  10 K  0  0)
VIN-    5   8    SIN(0  0.1  10 K  0.05 M  0)
VGG+    7   0    DC   2.0
VGG-    8   0    DC   2.0
VC+     4   10   DC   0.2
VC-     5   11   DC   0.2
VR      9   0    DC   2.6
ISS     6   0    DC   80 U
M 1     2   4    6    0   MN   L=10 U   W=80 U
M 2     3   5    6    0   MN   L=10 U   W=80 U
M 3     3   10   6    0   MN   L=10 U   W=80 U
M 4     2   11   6    0   MN   L=10 U   W=80 U
M 5     2   2    1    1   MP   L=11 U   W=10 U
M 6     3   2    1    1   MP   L=11 U   W=10 U
RL      3   9    25 K
. MODEL  MN  NMOS(LEVEL=2  VTO=0.8   KP=5 E-5   GAMMA=0.64
+                NSUB=9 E+15  LAMBDA=0.022  CGSO=3 E-10
+                CGDO=3 E-10)
. MODEL  MP  PMOS(LEVEL=2  VTO=-0.8  KP=2.2 E-5  GAMMA=0.66
+                NSUB=1 E+16  LAMBDA=0.054  CGSO=3 E-10
+                CGDO=3 E-10)
. OPTIONS  LIMPTS=10000
. TRAN  1U  1 M  0  1U
. FOUR  10 K  V(3)
. PLOT  TRAN  V(3)
. END
```

過渡解析の結果，図 9.4 の回路と同様に振幅が 0.1 V の場合，全高調波ひずみ率は約 0.42% となる．図 9.4 の回路と比較して，ひずみが 1 桁程度しか低くなっていない．この理由は，p チャネル MOS トランジスタのチャネル長変調効果の影響である．p チャネル MOS トランジスタによるカレントミラー回路と抵抗 $R_L$，バイアス用の直流電圧源 $V_R$ を除去し，抵抗負荷に置き換えれば，全高調波ひずみ率は約 0.009% となる．一方，図 9.5 の回路に同様なことを行っても全高調波ひずみ率はほとんど変化しない．図 9.7 の回路で p チャネル MOS トランジスタのチャネル長変調効果の影響を低減するためにはカスコードカレントミラー回路を用いればよい．

## 9.4 回路解析のまとめ

バイポーラトランジスタを用いたアナログ回路の場合，可能な限りバイポーラトランジスタの特性によらずに，抵抗や容量などの受動素子の特性だけから回路の特性が決まるように設計する．しかし，MOS トランジスタを用いたアナログ回路の場合は，大面積を必要とする受動素子の使用をできるだけ避け，MOS トランジスタの特性を積極的に利用した設計が行われる．この結果，MOS アナログ回路の設計とは，各 MOS トランジスタのチャネル幅並びにチャネル長を決めることに他ならない．したがって，チャネル幅やチャネル長が同じでも，特性にばらつきのある個別部品を用いて回路を構成することができず，また，コストのかかる集積回路を何度も作製するわけにもいかない．このような理由から，集積回路上に MOS アナログ回路を実現した場合に得られる特性を前もって予想するために回路シミュレータが使われ，MOS アナログ回路の設計において極めて重要な道具となっている．

回路シミュレータが回路設計に欠かすことのできない道具となっている一方で，その信頼性については，設計者の十分な配慮が必要である．回路シミュレータでは，各素子の実際の特性を数式的にモデル化しているため，あらゆる物理的な特性を完全にモデル化することは不可能である．このため，ある状況に

おいては，重要な特性を考慮していないモデルを用いたため，十分な精度で解析ができない場合がある．このような場合には，得られた結果が大きな誤差を持っているばかりでなく，時には実際に実現した回路が全く動作しない場合もある．回路シミュレータを用いる場合には，どのようなモデルを仮定してシミュレーションを行っているのか，そのモデルは実際の素子とどのような点が異なっているかを十分に知っておくことが必要である．

## 問 題 解 答

**問 1.1** ゲートの電位がソースの電位よりも十分低くなるとソースとドレインで挟まれた領域の表面付近が n 型半導体から p 型半導体に変化し，チャネルが形成され，ソースとドレインの間に適当な電圧を加えるとソースからドレインへと電流が流れる．

**問 1.2** 図 A.1 に示す通りである．また，n チャネル MOS トランジスタのサブストレート端子は電位の最も低い節点またはソース端子に，p チャネル MOS トランジスタのサブストレート端子は電位の最も高い節点に接続する．

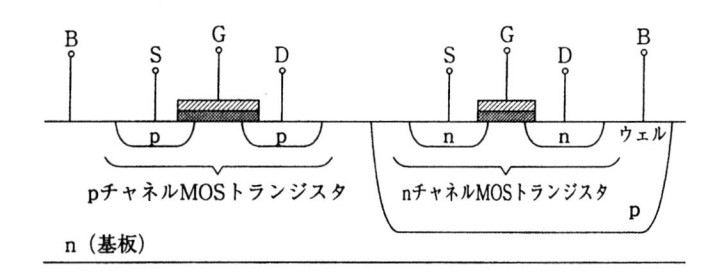

図 A.1

**問 1.3** 式 (1.8) から $98\,\mu\mathrm{A}$ となる．
**問 1.4** 式 (1.9) から約 $103\,\mu\mathrm{A}$ となる．
**問 1.5** 式 (1.10) から $V_T = 1.14\,\mathrm{V}$ となる．

**演習問題 1.1** 与えられたから $I_D$ は

$$I_D = 2K\left(V_G - V_T - \frac{V_D}{2}\right)V_D - 2K\left(V_G - V_T - \frac{V_S}{2}\right)V_S$$

$$= 2K\left\{(V_G - V_T)(V_D - V_S) - \frac{V_D^2 - V_S^2}{2}\right\}$$

$$= 2K\left\{(V_G - V_T)(V_D - V_S) - V_S(V_D - V_S) - \frac{(V_D - V_S)^2}{2}\right\}$$

$$= 2K\left\{V_G - V_S - V_T - \frac{V_D - V_S}{2}\right\}(V_D - V_S)$$

$$= 2K\left(V_{GS} - V_T - \frac{V_{DS}}{2}\right)V_{DS}$$

となり，式 (1.4) と等しい．

**演習問題 1.2** 式 (1.8) の 2 乗則から $V_{GS} = 1.3\,\mathrm{V}$ または $0.3\,\mathrm{V}$ となる．n チャネルトランジスタにおいてドレイン電流が零でないので $V_{GS}$ は $V_T$ よりも大きくなければならず，$V_{GS}$ は $1.3\,\mathrm{V}$ であることがわかる．

**演習問題 1.3** 図 A.2 に示す通り，飽和領域において直線が右上がりとなる．この傾きはチャネル長変調係数 $\lambda$ によって定まる．

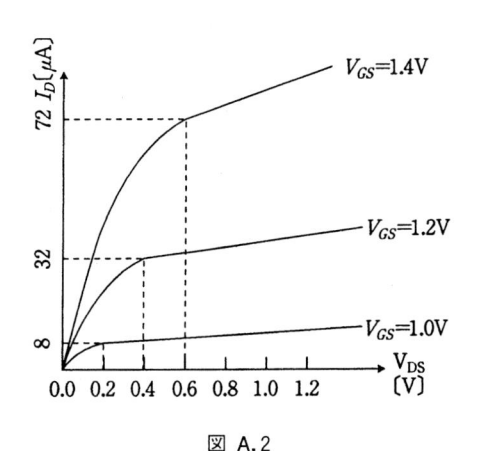

図 A.2

**演習問題 1.4** 各トランジスタの $K$ は式 (1.5) および式 (1.6) から，$M_1$ が $8.0 \times 10^{-5}\,\mathrm{S/V}$，$M_2$ が $0.5 \times 10^{-5}\,\mathrm{S/V}$，$M_3$ が $0.125 \times 10^{-5}\,\mathrm{S/V}$ となる．$M_1, M_2, M_3$ に流れるドレイン電流はすべて等しいので

$$8.0 \times 10^{-5}(V_{B1} - V_T)^2 = 0.5 \times 10^{-5}(V_{B2} - V_{B1} - V_T)^2$$
$$= 0.125 \times 10^{-5}(V_{DD} - V_{B2} - V_T)^2$$

が成り立つ．$V_{DD} = 5.0\,\mathrm{V}$，$V_T = 0.8\,\mathrm{V}$ を代入してこの式を解くと $V_{B1} = 1.0\,\mathrm{V}$，$V_{B2} = 2.6\,\mathrm{V}$ となる．

**演習問題 1.5** $M_N$ は飽和領域で $M_P$ は非飽和領域で動作している．また，$M_N$ のゲート-ソース間電圧を $V_{GSN}$ とすると，2 個のトランジスタのドレイン電流はともに $I_0$ であるので

$$I_0 = 2K_P\left(-V_{DD} - V_{TP} - \frac{V_{GSN} - V_{DD}}{2}\right)(V_{GSN} - V_{DD}) = K_N(V_{GSN} - V_{TN})^2$$

となる．$V_{DD}$ および $V_{TN}$, $V_{TP}$, $K_N$, $K_P$ の値を代入してこの2次方程式を解くと $V_{GSN}=1.68$ V または $-0.0623$ V となる．題意を満たすのは 1.68 V であるから，この値を用いると $I_0$ は $155\,\mu$A となる．

**演習問題 1.6** 図 1.E 3 の回路において $K$ や $V_T$ が等しく，しかも同じドレイン電流が流れているので2個のトランジスタのゲート-ソース間電圧も等しい．2個のトランジスタのゲート-ソース間電圧を加えると $V_{in}$ になるので $V_{out}$ はその半分の 1.5 V である．

**演習問題 1.7** $I_{DN}$ は $I_{Deq}$ に等しく，$I_{DP}$ は $-I_{Deq}$ に等しいので，$V_{GSN}$ 並びに $V_{GSP}$ は

$$V_{GSN}=\sqrt{\frac{I_{Deq}}{K_N}}+V_{TN}$$

$$V_{GSP}=-\sqrt{\frac{I_{Deq}}{K_P}}+V_{TP}$$

である．また，$V_{GSeq}$ は

$$V_{GSeq}=V_{GSN}-V_{GSP}=\sqrt{I_{Deq}}\left(\frac{1}{\sqrt{K_N}}+\frac{1}{\sqrt{K_P}}\right)+V_{TN}-V_{TP}$$

となるので，$V_{TN}$ と $V_{TP}$ を移項し，2乗すれば

$$I_{Deq}=\frac{K_N K_P}{(\sqrt{K_N}+\sqrt{K_P})^2}(V_{GSeq}-V_{TN}+V_{TP})^2$$

が得られる．したがって $K_{eq}=\dfrac{K_N K_P}{(\sqrt{K_N}+\sqrt{K_P})^2}$，$V_{Teq}=V_{TN}-V_{TP}$ である．

**問 2.1** $K$ や $V_T$ が同じなので $V_{in}$ が 1.3 V のとき $I_D$ は $50\,\mu$A，$V_{in}$ が 1.31 V のとき $I_D$ は $52\,\mu$A と変わらない．式 (2.1) からそれぞれの場合の出力電圧 $V_{out}$ は 7.5 V と 7.4 V となるので $\Delta V_{out}=-0.1$ V となる．したがって，電圧利得 $A_V$ は $-10$ 倍となる．

**問 2.2** $I_D=2K\left(V_{GS}-V_T-\dfrac{V_{out}}{2}\right)V_{out}=-\dfrac{V_{out}}{R_L}+\dfrac{V_{DD}}{R_L}$ から $V_{GS}$ が 1.3 V，1.4 V のとき $V_{out}$ はそれぞれ 0.4 V，0.259 V となる．この結果から $V_{GS}$ が 1.3 V から 1.4 V に変化した場合の電圧増幅度は $-1.4$ 倍となる．

**問 2.3** 式 (2.11) から $g_m=240\,\mu$S となる．

**問 2.4** 式 (2.21) および式 (2.22) を用いると $g_m=220\,\mu$S，$r_d=1$ MΩ となる．また，$V_T$ が $V_{SB}$ に無関係に一定であるから $g_{mb}=0$ S である．

**問 2.5** $V_{GS}$ が 1.0 V の場合，$g_m$ は $80\,\mu$S となるので，式 (2.27) から $A_V=-8$ 倍と

**演習問題 2.1** (1) 2乗則から $I = K(V-V_T)^2$ であるから,この式に $I = 20\,\mu\text{A}$, $V = 2.0\,\text{V}$, $V_T = 0.8\,\text{V}$ を代入すると $K = 2.78 \times 10^{-6}\,\text{S/V}$ となる. $K_0 = 5.0 \times 10^{-5}\,\text{S/V}$ から $\dfrac{W}{L} = 0.278$ となる. $W = 2\,\mu\text{m}$ であるから $L = 7.2\,\mu\text{m}$ となる.

(2) 2乗則が成り立つので,MOSトランジスタの小信号等価回路は電圧制御電流源となり,図2.E1の小信号価回路は図A.3となる.図A.3は図2.E1の小信号等価回路は単なる抵抗であることを表している.その抵抗値 $\dfrac{v}{i}$ は伝達コンダクタンス $g_m$ の逆数であるから $\dfrac{v}{i} = \dfrac{1}{g_m} = \dfrac{1}{2K(V-V_T)} = 30\,\text{k}\Omega$ となる.

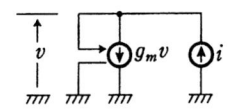

図 A.3

**演習問題 2.2** (1) 2乗則から $I_D = K(V_{GS}-V_T)^2$ であるから,この式に $I_D = 20\,\mu\text{A}$, $V_{GS} = 1.0\,\text{V}$, $V_T = 0.8\,\text{V}$ を代入すると $K = 5.0 \times 10^{-4}\,\text{S/V}$ となる. $K_0 = 5.0 \times 10^{-5}\,\text{S/V}$ であるから $\dfrac{W}{L} = 10$ となる. $L = 2\,\mu\text{m}$ であるから $W = 20\,\mu\text{m}$ となる.

(2) 2乗則が成り立つので,図2.E2の小信号等価回路は図2.10と同じになる.ただし,抵抗 $R_L$ は図2.E1の回路から定まる抵抗値 $30\,\text{k}\Omega$ であり,$g_m$ は $g_m = 2K(V_{GS}-V_T) = 2.0 \times 10^{-4}\,\text{S}$ となる.これらから,電圧増幅度 $A_V$ は $A_V = -g_m R_L = -6$ 倍となる.

**演習問題 2.3** (1) 与えられた $K_0$ 並びに $W,L$ から,$K$ は $2.0 \times 10^{-4}\,\text{S/V}$ となる. 2乗則から $I_D = K(V_{GG}-V_T)^2$ となるので,$I_D$ は $50\,\mu\text{A}$ となる.このときトランジスタの伝達コンダクタンス $g_m$ は $g_m = 2K(V_{GG}-V_T) = 2.0 \times 10^{-4}\,\text{S}$ となる.図2.E3の小信号等価回路を求めると図A.4となる.この図から $v_{\text{in}} = -v_{gs}$ であるから電圧増幅度 $A_v$ は $A_v = g_m R_L = 20$ 倍となる.

(2) 与えられた $K_0$ 並びに $W,L$ から,$K$ は $3.0 \times 10^{-4}\,\text{S/V}$ となる.

(1) と同様に，$I_D = K(V_{GG}-V_T)^2$ から $I_D$ は $75\,\mu\text{A}$ となる．このとき伝達コンダクタンス $g_m$ は $g_m = 2K(V_{GG}-V_T) = 3.0\times 10^{-4}\text{S}$ となる．図 A.4 から電圧増幅度 $A_V$ は $A_V = g_m R_L = 30$ 倍となる．

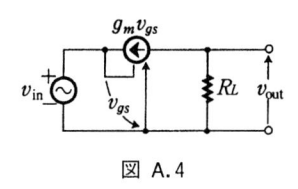

図 A.4

(3) 与えられた $K_0$ 並びに $W, L$ から，$K$ は $4.0\times 10^{-4}\text{S/V}$ となる．2乗則が成り立つとすると $I_D$ は $100\,\mu\text{A}$ となり，抵抗 $R_L$ に $10\,\text{V}$ の電圧降下が生じ，トランジスタは非飽和領域にあることになり，2乗則を仮定したことと矛盾する．したがって，トランジスタは飽和領域ではなく，非飽和領域で動作していることがわかる．2乗則ではなく，非飽和領域におけるドレイン電流を表す式 (1.4) を用いて計算し直すと，ドレイン電流は $96\,\mu\text{A}$，ドレイン-ソース間電圧は $0.4\,\text{V}$ となる．

(4) $\dfrac{W}{L}$ を大きくすると $K$ が大きくなり，ドレイン電流も多く流れ，$g_m$ も大きくなる．その結果電圧増幅度も大きくなるが，ドレイン電流の増加とともにドレイン-ソース間電圧が小さくなるので，トランジスタは飽和領域から非飽和領域で動作することになり，急に電圧増幅度が低下する．

**演習問題 2.4** (1) 与えられた $K_0$ 並びに $W, L$ から $K$ は $2.0\times 10^{-4}\text{S/V}$ となる．ゲート-ソース間電圧 $V_{GS}$ は $V_{GG}-R_L I_D$ であり，2乗則から $I_D = K(V_{GG}-R_L I_D-V_T)^2$ となるので，$I_D$ は $50\,\mu\text{A}$ となる．このときトランジスタの伝達コンダクタンス $g_m$ は $g_m = 2K(V_{GS}-V_T) = 2\sqrt{KI_D} = 2.0\times 10^{-4}\text{S}$ となる．図 2.E4 の小信号等価回路を求めると図 A.5 となる．この図から電圧増幅度 $A_V$ は $A_V = \dfrac{g_m R_L}{1+g_m R_L} = 0.952$ 倍となる．

(2) 与えられた $K_0$ 並びに $W, L$ から $K$ は $4.0\times 10^{-4}\text{S/V}$ となる．(1) と同様に，$I_D = K(V_{GG}-R_L I_D-V_T)^2$ から $I_D$ は $51.4\,\mu\text{A}$ となる．このとき $V_{GS} = 1.16\,\text{V}$ であるから伝達コンダクタンス $g_m$ は $g_m = 2K(V_{GS}-V_T) = 2.87\times 10^{-4}\text{S}$ となる．図 A.5 から電圧増幅度 $A_V$

は $A_V = \dfrac{g_m R_L}{1+g_m R_L} = 0.966$ 倍となる.

(3) $\dfrac{W}{L}$ を大きくすると $K$ が大きくなり,ドレイン電流も多く流れ,$g_m$ が大きくなる.その結果電圧増幅度は1倍に近づく.

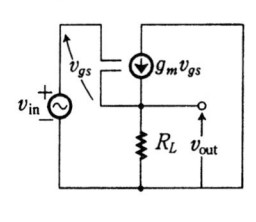

図 A.5

**演習問題 2.5** (1) 電圧増幅度が $-20$ 倍,$V_{DSQ}$ が $5.0\,\text{V}$ であることから図 A.6 となる.

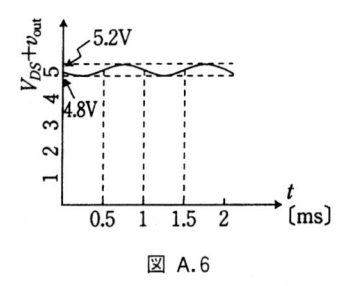

図 A.6

(2) ゲート-ソース間電圧がしきい電圧よりも大きく,ゲート-ソース間電圧としきい電圧との差がドレイン-ソース間電圧よりも小さければトランジスタは飽和領域で動作し,増幅作用を示す.したがって

$$0 \leqq V_{GSQ} + v_{\text{in}} - V_T \leqq V_{DSQ} + v_{\text{out}}$$

が成り立てばよい.また,電圧増幅度を $A_V$ とすると $v_{\text{out}} = A_V v_{\text{in}}$ であるから

$$-V_{GSQ} + V_T \leqq v_{\text{in}} \leqq \dfrac{V_{DSQ} - V_{GSQ} + V_T}{1 - A_V}$$

となる.この不等式に数値を代入すると $-0.5\,\text{V} \leqq v_{\text{in}} \leqq 0.21\,\text{V}$ となる.さらに,任意の $v_{\text{in}}$ に関して,ドレインの電位 $V_{DSQ} + v_{\text{out}}$ は電源電圧 $V_{DD}$ を越えてはならない.$V_{GSQ} + v_{\text{in}}$ が $1.3 - 0.21 =$

1.09 V のとき，ドレインの電位である $V_{DSQ}+v_{out}$ は $5.0+(-0.21)\times(-20)=9.2$ V であるので，$V_{DD}$ を越えない．以上から最大振幅は 0.21 V となる．

**演習問題 2.6** 電圧増幅度 $A_V$ 並びに $V_{DSQ}$ は

$$A_V = -2K(V_{GSQ}-V_T)R_L \tag{A2.1}$$

$$V_{DSQ} = V_{DD} - R_L K(V_{GSQ}-V_T)^2 \tag{A2.2}$$

と与えられる．また，前問と同様に

$$0 \leq V_{GSQ}+v_{in}-V_T \leq V_{DSQ}+v_{out} \leq V_{DD}$$

が $v_{in}$ に関して成り立たなければならない．$v_{out}=A_V v_{in}$ であるから $v_{in}$ の範囲は

$$-V_{GSQ}+V_T \leq v_{in} \leq \min\left[\frac{V_{DSQ}-V_{GSQ}+V_T}{1-A_V}, \frac{V_{DD}-V_{DSQ}}{-A_V}\right] \tag{A2.3}$$

となる．右辺は，鍵括弧内の要素が互いに等しいとき最大となる．式（A2.2）を代入すると

$$K = \frac{A_V(V_{DD}-V_{GSQ}+V_T)}{R_L(2A_V-1)(V_{GSQ}-V_T)^2}$$

のとき右辺が最大となる．これを式（A2.1）に代入すると $V_{GSQ}$ が求められ，1.03 V となる．これより $K$ は 860 μS/V となる．これらから式（A2.3）は

$$-0.23\,\mathrm{V} \leq v_{in} \leq 0.12\,\mathrm{V}$$

となる．したがって最大振幅は 0.12 V である．

**問 3.1** 入力インピーダンス，電流利得，電力利得は常に無限大である．電圧利得は式（3.8）から $-9.52$ 倍，出力インピーダンスは式（3.10）から 47.6 kΩ となる．

**問 3.2** 入力インピーダンス，電流利得，電力利得は常に無限大である．電圧利得は式（3.14）から 0.905 倍，出力インピーダンスは式（3.21）から 4.52 kΩ となる．

**問 3.3** 入力インピーダンスは式（3.28）から 5.22 kΩ，電流利得は 1 倍である．電圧利得と電力利得は式（3.31）から 9.57 倍，出力インピーダンスは式（3.32）から 47.6 kΩ となる．

**問 3.4** ソース接地増幅回路，ソースフォロワ，ゲート接地増幅回路それぞれの電圧利得は，$-8.70$ 倍，0.897 倍，8.74 倍であり，元の値からそれぞ 8.70%，

0.897%, 8.70% 変化している.

**問 3.5** 図 3.13 の増幅回路の電圧利得は $-8.62$ 倍であり,出力インピーダンスは $4.52\,\mathrm{k\Omega}$ となる.また,図 3.15 の増幅回路の電圧利得は $-9.01$ 倍であり,出力インピーダンスは $49.8\,\mathrm{k\Omega}$ となる.

**演習問題 3.1** 基板効果を考慮した図 3.6 と図 3.9 の小信号等価回路はそれぞれ図 A.7,図 A.8 となる.ただし,基板効果を表す電流源の向きを逆にし,基板効果伝達コンダクタンス $g_{mb}$ の絶対値を用いている.これより諸特性を求めると図 3.6 では

$$Z_{\mathrm{in}} = \infty$$

$$A_v = \frac{g_m r_d R_L}{r_d + R_L + (g_m + |g_{mb}|)r_d R_L} = 0.830 \text{ 倍}$$

$A_i = \infty$, $A_p = \infty$,

$$Z_{\mathrm{out}} = \frac{r_d R_L}{r_d + R_L + (g_m + |g_{mb}|)r_d R_L} = 4.15\,\mathrm{k\Omega}$$

となり,また,図 3.9 では

$$Z_{\mathrm{in}} = \frac{r_d + R_L}{1 + (g_m + |g_{mb}|)r_d} = 4.75\,\mathrm{k\Omega}$$

$A_i = 1$ 倍

$$A_v = \frac{\{1 + (g_m + |g_{mb}|)r_d\} R_L}{r_d + R_L} = 10.5 \text{ 倍}$$

$A_p = A_v A_i = 10.5$ 倍

$$Z_{\mathrm{out}} = \frac{r_d R_L}{r_d + R_L} = 47.6\,\mathrm{k\Omega}$$

図 A.7

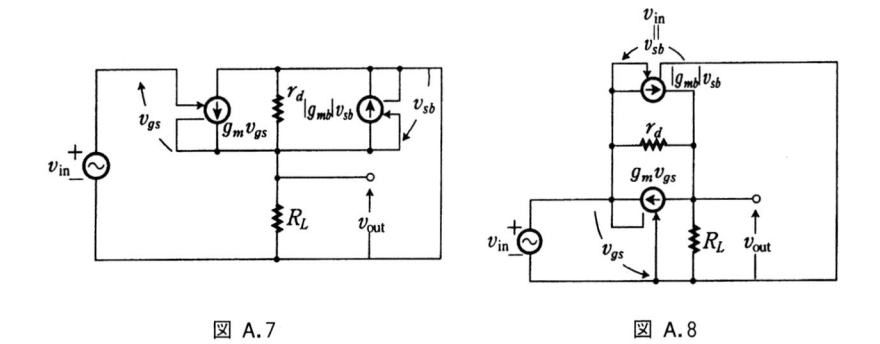

図 A.8

**演習問題 3.2** 式 (3.35) の $A_{v2}$ がほぼ 1 倍であることから, 式 (3.34) の $A_{v1}$ が約 $-20$ 倍となるようにすればよい. たとえば, $A_{v1}=-25$ 倍とすれば $g_{m1}$ は $275\,\mu\mathrm{S}$ となる. 一方, 出力インピーダンスは式 (3.37) で与えられているので, たとえば, $Z_{\mathrm{out}}=2.0\,\mathrm{k\Omega}$ とすれば $g_{m2}$ は $479\,\mu\mathrm{S}$ となる. この値から $A_{v2}$ は 0.958 倍となり, また, 全体の電圧利得 $A_v$ は $A_v=A_{v1}A_{v2}=-24.0$ 倍となるので, 題意を満たす.

**演習問題 3.3** 図 3.E 1 のソース接地増幅回路の小信号等価回路は図 A.9 となる. ただし, $M_2$ のゲート端子とソース端子が短絡されているため, 電圧制御電流源 $g_{m2}v_{GS2}$ を取り去ることができる. したがって電圧利得 $A_v$ は $A_v=-g_{m1}(r_{d1}//r_{d2})=-66.7$ 倍となる.

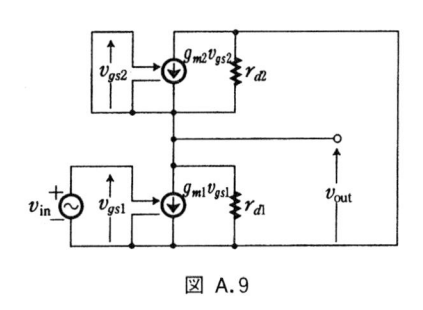

図 A.9

**演習問題 3.4** 図 3.E 2 の増幅回路の小信号等価回路は図 A.10 となる. したがって電圧利得 $A_v$ は $A_v=-(g_{m1}+g_{m2})(r_{d1}//r_{d2})=-100$ 倍となる.

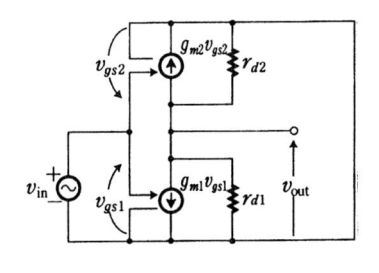

図 A.10

演習問題 3.5 (1) $g_{meq} = 2K_{eq}(V_{GSeq} - V_{Teq})$ である.

(2) 図 3.E3 (a) の小信号等価回路は図 A.11 となる. この図から $A_{v1} = g_{meq}R_{L1}$, $A_{v2} = -g_{meq}R_{L2}$ となる. $V_{GSeq} = 2.5$ V から $g_{meq} = 36 \times 10^{-6}$ S となるので $A_{v1} = 1.8$ 倍, $A_{v2} = -1.8$ 倍となる.

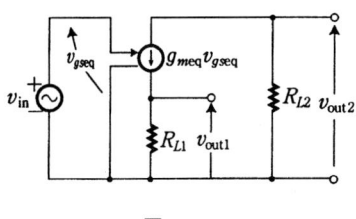

図 A.11

演習問題 3.6 (1) $K_N = 125\,\mu$S/V, $K_P = 600\,\mu$S/V

(2) 図 3.E4 はソース接地増幅回路を 2 個縦続接続して実現した増幅回路である. n チャネルトランジスタの伝達コンダクタンス $g_{mN}$ は $100\,\mu$S, p チャネルトランジスタの伝達コンダクタンス $g_{mP}$ は $240\,\mu$S であるから

$$A_v = (-g_{mN} \times R_{L1})(-g_{mP} \times R_{L2}) = 120 \text{ 倍となる.}$$

演習問題 3.7 (1) $V_{DN} = V_{DD} - (I_{DN} - I_{DP})R_L = V_{DD} - K_N(V_{GG1} - V_{TN})^2 R_L - K_P(V_{GG2} - V_{DN} - V_{TP})^2 R_L$ より $V_{DN} = 2.5$ V となる. この結果, $I_{DP} = -6\,\mu$A となるので $V_{DP} = -R_{L2}I_{DP} = 1.2$ V となる.

(2) 図 3.E5 の小信号等価回路は図 A.12 となる. これより電圧利得 $A_v$ は

$$A_v = -\frac{g_{mN}R_{L1}g_{mP}R_{L2}}{1 + g_{mP}R_{L1}} = -6.9 \text{ 倍}$$

(3) 図 A.12 において $v_{in} = 0$ としたとき電流源 $g_{mN}v_{gs1}$ 並びに $g_{mP}v_{gs2}$ は零となるので, $Z_{out}$ は $R_{L2}$ に等しく $200\,\text{k}\Omega$ となる.

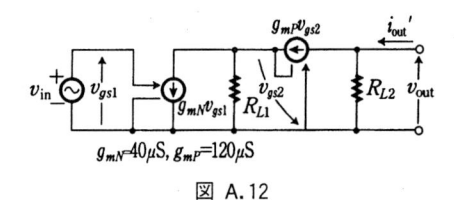

図 A.12

問題解答

問 4.1　$Ae^{j\theta} = \dfrac{A_N}{A_D} \cdot \dfrac{e^{j\theta_N}}{e^{j\theta_D}} = \dfrac{A_N}{A_D} e^{j(\theta_N - \theta_D)}$ であるから $A = \dfrac{A_N}{A_D}$, $\theta = \theta_N - \theta_D$ となる.

問 4.2　2.55 MHz

問 4.3　51.8 MHz

問 4.4　51.3 MHz

問 4.5　$f_{c1} = 31.8$ MHz, $f_{c2} = 63.7$ MHz

問 4.6　式 (4.53) から $-180$ 度変化する.

演習問題 4.1　式 (4.19) から $\rho = 0$ の場合のソースフォロワの電圧利得 $A_v$ は

$$A_v = g_m R_L' \dfrac{1 + \dfrac{j\omega C_g}{g_m}}{1 + g_m R_L' + j\omega(C_{db} + C_g)R_L'}$$

となる. ここで, $\dfrac{C_g}{g_m} = \dfrac{(C_{db} + C_g)R_L'}{1 + g_m R_L'}$ とすれば, 電圧利得 $A_v$ は周波数とは無関係に, 一定値 $\dfrac{g_m R_L'}{1 + g_m R_L'}$ となる.

演習問題 4.2　図 4.11 の小信号等価回路を図 A.13 に示す. 図 A.13 から, $C_{g1}$ から見込んだ抵抗分は $\rho = 50$ kΩ, $C_{gd1}$ から見込んだ抵抗分は

$$\dfrac{r_{d1}(R_L + r_{d2})(1 + g_m \rho) + \rho(R_L + r_{d2}) + \rho r_{d1}(1 + g_{m2} r_{d2})}{r_{d1} + r_{d2} + R_L + g_{m2} r_{d1} r_{d2}} = 105 \text{ kΩ},$$

$C_{db1} + C_{g2}$ から見込んだ抵抗分は $r_{d1} // \left( \dfrac{R_L + r_{d2}}{1 + g_{m2} r_{d2}} \right) = 2.61$ kΩ, $C_{db2}$ から見込んだ抵抗分は $r_{d2} // \left( \dfrac{R_L + r_{d1}}{1 + g_{m2} r_{d1}} \right) = 2.61$ kΩ, $C_{gd2}$ から見込んだ抵抗分は $R_L // (r_{d1} + r_{d2} + g_{m2} r_{d1} r_{d2}) = 50$ kΩ となる. これより, 式 (4.48) の $a_1$ は $1.85 \times 10^{-8}$s となる. したがって, ゼロ時定数解析法より求めた, しゃ断周波数 $f_C$ は $\dfrac{1}{2\pi a_1} = 8.59$ MHz となる. 以上の解析から, カスコード増幅回路では, $C_{gd}$ の影響が小さくなる一方で, $C_g$ の影響が相対的に大きくなることがわかる.

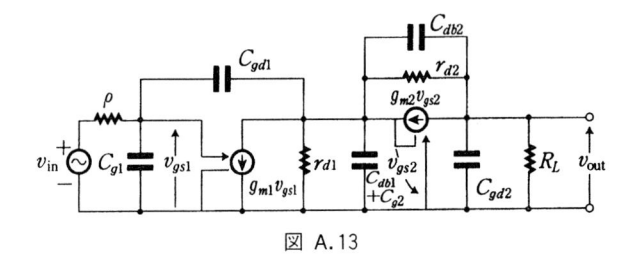

図 A.13

演習問題 4.3 (1) 測定1と測定2を比較すると $K$ および $V_T$ が消去でき，$\lambda$ を $0.0388\,\mathrm{V}^{-1}$ と求めることができる．この $\lambda$ を用いれば，測定2と測定3の結果から $K$ と $V_T$ がそれぞれ $160\,\mu\mathrm{S/V}$，$0.699\,\mathrm{V}$ となる．

(2) 測定1の場合の $g_m$ は $193\,\mu\mathrm{S}$，測定2の場合の $g_m$ は $207\,\mu\mathrm{S}$ であり，$r_d$ は測定1および2いずれの場合も $640\,\mathrm{k\Omega}$ となる．これらの結果と式 (4.15) から $C_{gs}=0.101\,\mathrm{pF}$，$C_{gd}=0.0199\,\mathrm{pF}$ となる．ただし，$r_d$ は $R_L$ に並列に接続されるので，式 (4.15) における $R_L{'}$ が $r_d//R_L$ であることに注意しなければならない．

演習問題 4.4 ミラー効果を考慮して導いた，図 4.E3 の高周波小信号等価回路を図 A.14 に示す．ただし，$g_{mt}$ は n チャネル並びに p チャネルトランジスタの $g_m$ の和で $180\,\mu\mathrm{S}$ であり，$r_t$ は n チャネル並びに p チャネルトランジスタの $r_d$ の並列抵抗で $333\,\mathrm{k\Omega}$ である．また，$C_t$ は $2\{C_{gs}+(1+g_{mt}\cdot r_t)C_{gd}\}$ であり，$4.6\,\mathrm{pF}$ となる．図 A.13 から $A_v$ は $\dfrac{v_\mathrm{out}}{v_\mathrm{in}}=-\dfrac{g_{mt}r_t}{1+j\omega C_t\rho}$ であるので，直流利得は $-60$ 倍，しゃ断周波数は $\dfrac{1}{2\pi C_t \rho}=34.2\,\mathrm{MHz}$ となる．

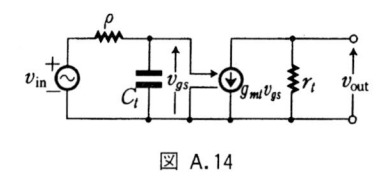

図 A.14

演習問題 4.5 (1) トランスコンダクタンス係数としきい電圧が等しいので $M_1$ と $M_2$ のゲート－ソース間電圧も等しい．したがって $V_{S1}$ は $0.8\,\mathrm{V}$ となる．これより，$M_3$ のドレイン電流は $15\,\mu\mathrm{A}$ となるので，$V_{D3}$ は $1.5\,\mathrm{V}$ となる．

(2) $g_{m1}=50.1\,\mu\mathrm{S}$，$r_{d1}=5.44\,\mathrm{M\Omega}$，$g_{m2}=48.8\,\mu\mathrm{S}$，$r_{d2}=5.29\,\mathrm{M\Omega}$，$g_{m3}=61.8\,\mu\mathrm{S}$，$r_{d3}=3.43\,\mathrm{M\Omega}$ となる．

(3) ミラー効果を考慮すると，図 4.E4 の高周波小信号等価回路は図 A.15 となる．ただし，$R_L{'}$ は $r_{d3}//R_L=97.2\,\mathrm{k\Omega}$，$r_t$ は $r_{d1}//r_{d2}=2.68\,\mathrm{M\Omega}$，$C_t$ は $C_{gd2}+C_{gs3}+C_{gd3}(1+g_{m3}R_L{'})=0.280\,\mathrm{pF}$ である．これより $A_v$ は

問 題 解 答     *193*

$$\frac{v_{\text{out}}}{v_{\text{in}}} = -\frac{g_{m3}R_L{'}\,(g_{m1}+j\,\omega C_{gs1})}{\dfrac{1}{r_t}+g_{m1}+j\,\omega(C_{gs1}+C_t)}$$

となる．これより，直流利得は $-\dfrac{g_{m1}g_{m3}R_L{'}}{\dfrac{1}{r_t}+g_{m1}}=-5.96$ 倍となる．

また，$\omega C_{gs1}\ll g_{m1}$ として，分子を定数と近似すると，しゃ断周波数は $\dfrac{1+g_{m1}r_t}{2\pi(C_{gs1}+C_t)r_t}=16.7\,\text{MHz}$ となる．

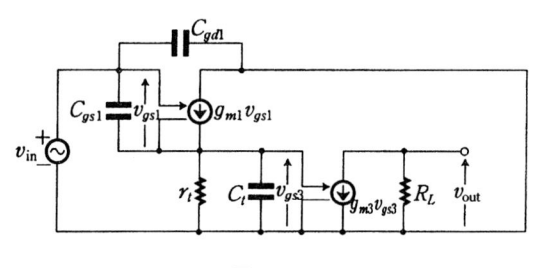

図 A.15

**問 5.1** 最小線幅 $2\,\mu\text{m}$ なので，$W=2\,\mu\text{m}$ とすると $10\,\text{k}\Omega=\dfrac{L}{W}50\,\Omega$ から $L$ は $400\,\mu\text{m}$ となり，$800\,\mu\text{m}^2$ の面積が必要となる．

**問 5.2** $\dfrac{1\,\text{pF}}{1\,\text{fF}}=1000$ より $1\,\text{pF}$ の容量を実現するためには $1\,000\,\mu\text{m}^2$ の面積が必要である．また，縦，横が $2.5\,\text{mm}$ のチップの面積は $6.25\times10^6\,\mu\text{m}^2$ であるから，$\dfrac{6.25\times10^6\,\mu\text{m}^2}{1\,000\,\mu\text{m}^2}=6250$ より $6250\,\text{pF}$ となる．

**問 5.3** 式 (5.8) から差動利得は $-19.0$ 倍，式 (5.11) から同相利得は $-0.80$ 倍となる．

**問 5.4** 式 (5.15) から，$23.9$ 倍 ($27.6\,\text{dB}$) となる．

**問 5.5** $\dfrac{V_{DD}-V_{GS}}{R_{\text{ref}}}=K_1(V_{GS}-V_T)^2$ から $V_{GS}=1.0\,\text{V}$ となる．したがって，$I_{\text{ref}}$ は $10\,\mu\text{A}$ となる．

**問 5.6** 式 (5.31) から $K_2=4\,K_1=200\,\mu\text{S/V}$ である．

**演習問題 5.1** (1) 題意より，ゲート電位は $4.3\,\text{V}$ である．また，ソース電位を $V_S$ とすると $V_S=2K(V_{GG}-V_S-V_T)^2R_S$ からソース電位は $3.0\,\text{V}$ となる．これより，ドレイン電流が $50\,\mu\text{A}$ であることがわかるので

ドレイン電位は 5.0 V となる．

(2) $V_S=$ が 2.95 V となるのでドレイン電位は 5.08 V となる．

(3) 図 2.1 のソース接地増幅回路では，ゲート-ソース間電圧が 1.3 V，ドレイン-ソース間電圧が 5.0 V となり，トランジスタのバイアス状態が全く同じになる．トランジスタの小信号等価回路も同じになるので，図 2.1 の電圧利得が図 5.4 の差動利得と同じになるのは明らか．また，最初ドレインの電位は 5.0 V であり，温度が変化した後 5.95 V となる．

(4) 図 5.4 では，しきい電圧の変化は同相入力電圧が加わったことに相当し，同相利得が小さいため，ドレインの電位もあまり変化しない．図 2.1 の場合は，しきい電圧の変化が入力 $V_{in}$ の変化と区別がつかないため，ドレインの電位の変化も大きい．

**演習問題 5.2** 図 5.4 の差動半回路並びに同相半回路を図 A.16 (a) 並びに (b) に示す．図 A.16 (a) では，$v_{sb}$ が零であるため電流源 $g_{mb}v_{sb}$ は回路に影響を与えず，差動利得は $-\dfrac{g_m r_d R_L}{r_d + R_L}$ となる．これに数値を代入すると $-18.2$ 倍となる．一方，図 A.16 (b) から同相利得は

$$-\frac{g_m r_d R_L}{r_d + R_L + 2R_S(1 + g_m r_d - g_{mb} r_d)}$$

となる．これに数値を代入すると

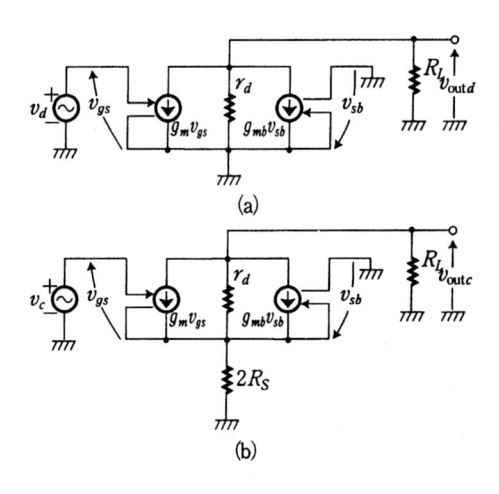

図 A.16

$-1.45$ 倍となる.

**演習問題 5.3** $M_1$ は飽和領域で動作しており,$I_{ref}$ が $8\,\mu$A であるから $M_1$ と $M_2$ のゲート-ソース間電圧が $1.6$ V となる.このことから $M_P$ は非飽和領域で動作しているので,$V_{GS}=-5.0$ V,$V_{DS}=-3.4$ V,$V_T=-0.8$ V として表 1.1 の p チャネル MOS トランジスタの非飽和領域の式を用いると $M_P$ のトランスコンダクタンスパラメータが $0.471\,\mu$S/V となる.単位コンダクタンスパラメータが $10\,\mu$S/V で,チャネル幅が $2.0\,\mu$m であるので,チャネル長は $42.5\,\mu$m となる.

**演習問題 5.4** $M_3$ と $M_4$ のトランスコンダクタンス係数が等しいので,$M_1$ と $M_2$ に流れる電流はともに $I_R$ である.したがって,2 乗則から,$V_{GS1}=\sqrt{\dfrac{I_R}{K_1}}+V_T$,$V_{GS2}=\sqrt{\dfrac{I_R}{K_2}}+V_T$ となる.また,$RI_R+V_{GS1}=V_{GS2}$ であるから,$\sqrt{I_R}=\dfrac{\sqrt{\dfrac{1}{K_2}}-\sqrt{\dfrac{1}{K_1}}}{R}$ が成り立つ.$V_1=V_{GS2}$ であるから,$V_1=\dfrac{\dfrac{1}{K_2}-\sqrt{\dfrac{1}{K_1 K_2}}}{R}+V_T$ となり,電圧 $V_1$ は電源 $V_{DD}$ に依存しない.

**演習問題 5.5** $i_{out}$ は $i_{out}=\dfrac{g_{m3}r_{d1}\left(g_{m2}+\dfrac{1}{r_{d2}}\right)}{g_{m1}g_{m3}r_{d1}+\left(g_{m2}+\dfrac{1}{r_{d2}}\right)\left(1+\dfrac{R_L}{r_{d3}}\right)+g_{m3}+\dfrac{1}{r_{d3}}}$ となる.$g_{m1}=g_{m2}$ という条件のもとで,$g_{m1}g_{m3}r_{d1}$ が十分大きければ $i_{out}=i_{in}$ となる.また,出力抵抗は,$\left.\dfrac{v_{out}}{i_{out}}\right|_{i_{in}=0}=r_{d3}\left(1+\dfrac{g_{m1}g_{m3}r_{d1}+g_{m3}+\dfrac{1}{r_{d3}}}{g_{m2}+\dfrac{1}{r_{d2}}}\right)$ となり,$r_{d3}$ が約 $g_{m3}r_{d1}$ 倍される.

**問 6.1** $G=99.0$ 倍である.また,$A$ が 10% 増加した場合は $G=99.1$ 倍となり,$H$ が 10% 増加した場合は $G=90.1$ 倍となる.

**問 6.2** 直流利得が $4.95$ 倍,しゃ断周波数が $10.1$ kHz となる.

**問 6.3** 入力信号と区別できないので,入力に加わるひずみや雑音に対しては負帰還の効果はない.

**問 6.4** $G=-9.89$ 倍,$Z_{in}=101$ kΩ,$Z_{out}=545$ Ω となる.

問 6.5 発振周波数が 71.2 kHz で,最小の $g_m$ の値が $1\,\mu$S となる.

問 6.6 ともに 1.0 MHz となる.

問 6.7 ほとんど変化はなく,1.0 MHz となる.

演習問題 6.1 $S_\text{out} = \dfrac{A_1 A_2 s_\text{in} + A_1 A_2 n_0 + A_2 n_1 + n_2}{1 + A_1 A_2 H} = 19(s_\text{in} + n_0) + 0.78\, n_1 + 0.031\, n_2$ と

なり,出力に近いほど,雑音が低減されることがわかる.

演習問題 6.2 $G = \dfrac{A}{1+AH}$ より,$G = \dfrac{A_0}{\left(1+\dfrac{f_{C1}}{jf}\right)\left(1+\dfrac{jf}{f_{C2}}\right)+A_0 H}$ となる.$f_{C1} \ll f_{C2}$ と

いう近似を用いると,$G = \dfrac{\dfrac{A_0}{1+A_0 H}}{\left\{1+\dfrac{f_{C1}}{j(1+A_0 H)f}\right\}\left\{1+\dfrac{jf}{(1+A_0 H)f_{C2}}\right\}}$ と

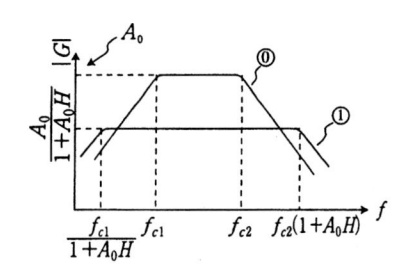

図 A.17

なる.これを図示すると,図 A.17 において,増幅部の特性が曲線⓪であったものが,負帰還の効果により,全体の特性が曲線①となる.

演習問題 6.3 (1) 図 6.7 の小信号等価回路は,図 A.18 となる.ここで,破線 A–A′ 間で切断し,ループ利得を求めると,ループ利得は近似的に

$$\dfrac{-g_m^3 R_L^3 R_l}{(1+j\omega C_{gs}R_l)(1+j\omega C_{gs}R_L)^2 R_F}$$

となる.位相が直流での値から 180° 変化する周波数 $f$ は,ループ利得の分母がちょうど負になる周波数であるので,$f = \dfrac{\omega}{2\pi} = 45.9$ MHz となる.

(2) (1) の周波数においてループ利得は $\dfrac{g_m^3 R_L^3 R_l}{8 R_F} = 5.12 \geqq 1$ となるので,不安定である.

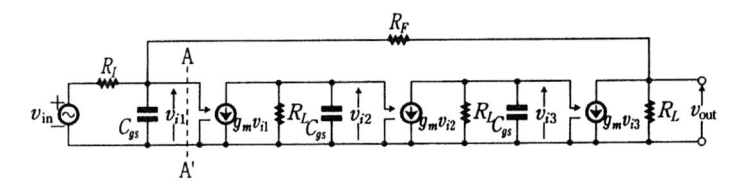

図 A.18

(3) 安定であるためには，$\dfrac{g_m^3 R_L{}^3 R_I}{8 R_F}<1$ を満たさなければならないので，$g_m$ の上限値は 232 μS となる．

**演習問題 6.4** (1) $R_F$ に直流電流が流れないため，ドレインとゲートの電位が等しくなる．したがって，$I_D = \dfrac{V_{DD}-V_{GS}}{R_L} = K(V_{GS}-V_T)^2$ が成り立つ．この式を解くと，$V_{GS}=1.0$ V，$I_D = 20\,\mu$A となる．

(2) (1) の結果から，$g_m = 200\,\mu$S である．また，図 A.19 から，$i_\text{in}=$

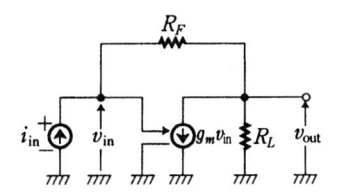

図 A.19

$\dfrac{v_\text{in}-v_\text{out}}{R_F} = g_m v_\text{in} + \dfrac{v_\text{out}}{R_L}$ を得る．これより，$R_\text{in} = \dfrac{R_L+R_F}{1+g_m R_L} = 14.3$ kΩ，$Z_T = \dfrac{(1-g_m R_F) R_L}{1+g_m R_L} = -186$ kΩ となる．

**演習問題 6.5** ハートレー発振回路は，コルピッツ発振回路の容量とインダクタが入れ替わっただけであるから，式 (6.51) において，$j\omega C_1, j\omega L_2, j\omega C_3$ をそれぞれ，$\dfrac{1}{j\omega L_1}, \dfrac{1}{j\omega C_2}, \dfrac{1}{j\omega L_3}$ に置き換えればよい．したがって，ループ利得は $-\dfrac{g_m r_d}{1-\dfrac{1}{\omega^2 C_2 L_3} + \dfrac{r_d\left(\dfrac{1}{L_1}+\dfrac{1}{L_3}-\dfrac{1}{\omega^2 L_1 C_2 L_3}\right)}{j\omega}}$ と

なる．これより，周波数条件は $L_1+L_3-\dfrac{1}{\omega^2 C_2}=0$，電力条件は $\dfrac{L_1}{L_3}$ $\leq g_m r_d$ と求められる．

**問 7.1** 式 (7.11) からは $-2.4\,\mathrm{V}$ となり，式 (7.13) からは $-3.0\,\mathrm{V}$ となる．式 (7.13) から求めた $\Delta V_{\text{out}}$ の絶対値の誤差は 25% である．

**問 7.2** 52 MΩ

**問 7.3** $\dfrac{i_{\text{out}}}{i_{\text{in}}}=0.934$ 倍となる．

**問 7.4** 式 (7.50) から 2.0 V となる．

**演習問題 7.1** $M_1$ または $M_2$ のドレイン電流が零になるときが，$\Delta V_{\text{in}}$ の上限と下限である．$M_1$ のゲート-ソース間電圧 $V_{\text{in}1}-V_S$ が $V_T$ のとき，$I_{D1}=0$, $I_{D2}=I_{SS}$ であるので，式 (7.3) と式 (7.4) から $V_{\text{in}1}=V_S+V_T$, $V_{\text{in}2}=\sqrt{\dfrac{I_{SS}}{K}}+V_S+V_T$ となる．また，$M_2$ のゲート-ソース間電圧 $V_{\text{in}2}-V_S$ が $V_T$ のとき，$I_{D1}=I_{SS}$, $I_{D2}=0$ であるので，同様に $V_{\text{in}1}=\sqrt{\dfrac{I_{SS}}{K}}+V_S+V_T$, $V_{\text{in}2}=V_S+V_T$ となる．以上から $-\sqrt{\dfrac{I_{SS}}{K}}\leq \Delta V_{\text{in}}\leq \sqrt{\dfrac{I_{SS}}{K}}$ となる．

**演習問題 7.2** すべてのトランジスタの特性が等しいので，$M_{2B}$ のゲート-ソース間電圧も $V_{GS2}$ である．$M_{1B}, M_{2B}$ が飽和領域で動作するためには，それぞれ，$V_{DS1}\geq V_{GS1}-V_T$, $V_{DS2}=V_{GS1}-V_{DS1}\geq V_{GS2}-V_T$ が成り立たなければならない．これらに $V_{DS1}=V_{\text{BIAS}}-V_{GS2}$ を代入すれば，$V_{GS1}+V_{GS2}-V_T \leq V_{\text{BIAS}}\leq V_{GS1}+V_T$ を得る．ドレインの電位はゲートの電位よりもしきい電圧分まで下げられるので，端子①の最小電位は $V_{\text{BIAS}}-V_T$ となる．

**演習問題 7.3** (1) $I_{D1}=K(V_{\text{in}1}-V_S-V_T)^2$, $I_{D2}=K(V_{\text{in}2}-V_S-V_T)^2$, $I_{D3}=K(V_{\text{in}1}-V_S-V_C-V_T)^2$, $I_{D4}=K(V_{\text{in}2}-V_S-V_C-V_T)^2$, $I_C=I_{D1}+I_{D2}-I_{D3}-I_{D4}$ より，

$$V_S=\dfrac{V_{\text{in}1}+V_{\text{in}2}-\dfrac{I_C}{2KV_C}-V_C-2V_T}{2}$$ となる．

(2) $I_{D1}-I_{D2}=K(V_{\text{in}1}-V_{\text{in}2})(V_{\text{in}1}+V_{\text{in}2}-2V_S-2V_T)$ 並びに $I_{D3}-I_{D4}=K\cdot(V_{\text{in}1}-V_{\text{in}2})(V_{\text{in}1}+V_{\text{in}2}-2V_S-2V_C-2V_T)$ であるので，(1) の結果を代入すると，$I_{D1}-I_{D2}=K(V_{\text{in}1}-V_{\text{in}2})\left(\dfrac{I_C}{2KV_C}+V_C\right)$ 並びに $I_{D3}-I_{D4}=K(V_{\text{in}1}-V_{\text{in}2})\left(\dfrac{I_C}{2KV_C}-V_C\right)$ となる．

(3) (2) の結果から，$(I_{D1}-I_{D2})+(I_{D3}-I_{D4})=\dfrac{I_C}{V_C}(V_{\text{in}1}-V_{\text{in}2})$ となる．
この回路は，伝達コンダクタンスが，トランスコンダクタンス係数に無関係に，$V_C$ 並びに $I_C$ によって決まるという特徴を持っている．

**演習問題 7.4** (1) $I_{D\text{eq}}$ の式から，$V_{GSN}-V_{GSP}=\sqrt{\dfrac{I_{\text{BIAS}}}{K_{\text{eq}}}}+V_{T\text{eq}}$ となる．

(2) $V_A=V_{\text{in}2}-(V_{GSN}-V_{GSP})$，$V_B=V_{\text{in}1}-(V_{GSN}-V_{GSP})$ より，$V_{\text{in}1}-V_A=V_{\text{in}1}-V_{\text{in}2}+\sqrt{\dfrac{I_{\text{BIAS}}}{K_{\text{eq}}}}+V_{T\text{eq}}$ となり，$V_{\text{in}2}-V_B=V_{\text{in}2}-V_{\text{in}1}+\sqrt{\dfrac{I_{\text{BIAS}}}{K_{\text{eq}}}}+V_{T\text{eq}}$ となる．

(3) $I_{\text{out}1}=K_{\text{eq}}(V_{\text{in}1}-V_A-V_{T\text{eq}})^2$，$I_{\text{out}2}=K_{\text{eq}}(V_{\text{in}2}-V_B-V_{T\text{eq}})^2$ より，$I_{\text{out}1}-I_{\text{out}2}=4\sqrt{K_{\text{eq}}I_{\text{BIAS}}}\,(V_{\text{in}1}-V_{\text{in}2})$ となる．

**演習問題 7.5** (1) $M_1$ と $M_2$ に流れる電流は $I_{\text{BIAS}}$ であるので，それらのゲート–ソース間電圧の和は $2\left(V_T+\sqrt{\dfrac{I_{\text{BIAS}}}{K}}\right)$ となる．ただし，$K$ はトランスコンダクタンス係数，$V_T$ はしきい電圧である．同様に，$M_3$ と $M_4$ のゲート–ソース間電圧の和は，$I_{D4}$ が $I_{D3}+I_{\text{in}}$ に等しいことから，$2V_T+\sqrt{\dfrac{I_{D3}}{K}}+\sqrt{\dfrac{I_{D3}+I_{\text{in}}}{K}}$ となる．以上から，$K$ や $V_T$ に関係なく，$2\sqrt{I_{\text{BIAS}}}=\sqrt{I_{D3}}+\sqrt{I_{D3}+I_{\text{in}}}$ が成り立つ．

(2) (1)の結果から，$I_{D3}=I_{\text{BIAS}}-\dfrac{I_{\text{in}}}{2}+\dfrac{I_{\text{in}}^2}{16I_{\text{BIAS}}}$ が得られる．一方，$I_{\text{out}}$ は $I_{D3}+I_{D5}-2I_{\text{BIAS}}$ であり，$I_{D5}=I_{D4}=I_{D3}+I_{\text{in}}$ であるから，$I_{\text{out}}=\dfrac{I_{\text{in}}^2}{8I_{\text{BIAS}}}$ となる．

**演習問題 7.6** (1) 演習問題 7.5 と同様にすると，$M_5$ と $M_6$ のゲート–ソース間電圧の和は $2\left(V_T+\sqrt{\dfrac{I_{\text{BIAS}}}{K_{\text{eq}}}}\right)$ となる．また，$M_2$ と $M_3$ のゲート–ソース間電圧の和は，$I_{D2}$ が $I_{D3}+I_{\text{out}}$ に等しいことから，$2V_T+\sqrt{\dfrac{I_{D3}}{K}}+\sqrt{\dfrac{I_{D3}+I_{\text{out}}}{K}}$ となる．以上から，$K$ や $V_T$ に関係なく，$2\sqrt{I_{\text{BIAS}}}=\sqrt{I_{D3}}+\sqrt{I_{D3}+I_{\text{out}}}$ が成り立つ．

(2) (1)の結果から，$I_{D3}=I_{BIAS}-\dfrac{I_{out}}{2}+\dfrac{I_{out}^2}{16\,I_{BIAS}}$ が得られる．一方，$I_{in}$ は $I_{D1}+I_{D3}-2\,I_{BIAS}$ であり，$I_{D1}=I_{D2}=I_{D3}+I_{out}$ であるから，$I_{out}=\sqrt{8\,I_{BIAS}I_{in}}$ となる．

**問 8.1** $A_d\left\{v_{in}-\left(\dfrac{R_1}{R_0+R_1}\right)v_{out}\right\}=v_{out}$ より，$v_{out}=\dfrac{A_d}{1+\dfrac{A_dR_1}{R_0+R_1}}v_{in}$ となる．

**問 8.2** 1481 倍 (63.4 dB)

**問 8.3** $\dfrac{\omega_{p1}}{2\pi}=1.74$ kHz, $\dfrac{\omega_{p2}}{2\pi}=62.6$ MHz, $\dfrac{|\omega_{z1}|}{2\pi}=10.6$ MHz となる．

**問 8.4** 318 kHz

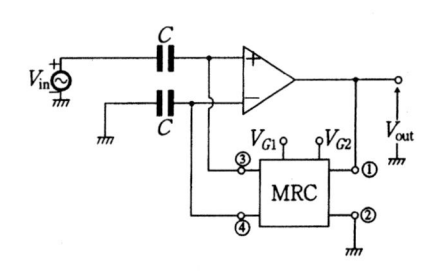

図 A.20

**問 8.5** たとえば，$V_{G1}=5$ V, $V_{G1}'=5$ V, $V_{G2}'=4.9$ V として $V_{G2}$ を $4.5\sim 4.9$ V まで変化させればよい．

**問 8.6** MRC を用いて構成した微分器を図 A.20 に示す．微分器は，積分器とは逆に，周波数とともにその利得の絶対値が増大する．このため，高い周波数成分を持つ雑音などを増幅しやすく，安定に動作しない．

**演習問題 8.1** $v_i=\dfrac{(R_0v_{in}+R_1v_{out})R_{in}}{R_1R_0+R_0R_{in}+R_{in}R_1}$, $-\dfrac{A_dv_i+v_{out}}{R_{out}}=\dfrac{v_{out}-v_i}{R_0}$ より，

$\dfrac{v_{out}}{v_{in}}=\dfrac{(R_{out}-A_dR_0)R_{in}}{R_1R_0+R_0R_{in}+R_{in}R_1+R_{out}(R_1+R_{in})+A_dR_1R_{in}}$ となる．$A_d$ を無限大とすると，$\dfrac{v_{out}}{v_{in}}=-\dfrac{R_0}{R_1}$ となり，式 (8.5) と一致する．

**演習問題 8.2** ループ利得は，$\dfrac{j\omega C_1R_2\left(1+\dfrac{R_b}{R_a}\right)}{1-\omega^2C_1C_2R_1R_2+j\omega(C_1R_1+C_1R_2+C_2R_2)}$ である．し

たがって，周波数条件は，$\omega = \dfrac{1}{\sqrt{C_1 C_2 R_1 R_2}}$ となり，電力条件は，

$$\dfrac{C_1 R_2 \left(1+\dfrac{R_b}{R_a}\right)}{C_1 R_1 + C_1 R_2 + C_2 R_2} \geqq 1$$ となる．

**演習問題 8.3** トランジスタ $M_3$ と $M_4$ はバイアス状態が全く同じなので，ドレイン電流も同じとなり，$I_{D3}=I_{D4}$ である．また，演算増幅器の入力端子には電流は流れ込まないので，$I_{D2}=I_{D4}=I_{D3}$ である．したがって，$I_C$ は $I_C=I_{D1}-I_{D2}$ となる．式 (8.31) を用いると，$I_C$ は $I_C=2K(V_{G1}-V_{G2})V_\text{in}$ となるので，$V_\text{out}$ は $V_\text{out}=\dfrac{-2K(V_{G1}-V_{G2})V_\text{in}}{j\omega C}$ となる．

**演習問題 8.4** トランジスタ $M_4, M_5, M_6$ はバイアス状態が全く同じなので，同じドレイン電流 $I_{D0}$ が流れる．また，演算増幅器の入力端子には電流は流れ込まないので，$I_\text{in}=I_{D0}+I_{D1}, I_{D0}+I_{D2}=0, I_{D0}+I_{D3}+I_C=0$ が成り立つ．さらに，演算増幅器の入力端子の間に電位差が生じないので，$I_C=j\omega C V_\text{in}$ となる．式 (8.31) から $I_{D1}-I_{D2}=2K(V_{G1}-V_{G2})(V_\text{in}-V_1)$ 並びに $I_{D2}-I_{D3}=2K(V_{G2}-V_{G3})(V_\text{in}-V_1)$ である．以上から，$Y_\text{in}=\dfrac{j\omega C(V_{G1}-V_{G2})}{V_{G2}-V_{G3}}$ となる．

**演習問題 8.5** (1) 図 8.E5 が 2 個の負性インピーダンス変換器から構成されていることを考慮すると，

$$\dfrac{V_\text{in}}{I_\text{in}} = \dfrac{1}{\dfrac{1}{R_G}-\dfrac{1}{R_G+\dfrac{1}{j\omega C-\dfrac{1}{R_G}}}} = j\omega C R_G^2$$

となる．したがって，インダクタンス $L$ は，$L=CR_G^2$ である．

(2) 負性インピーダンス変換器の冗長な MOS トランジスタの削除により図 A.21 に示す通りとなる．

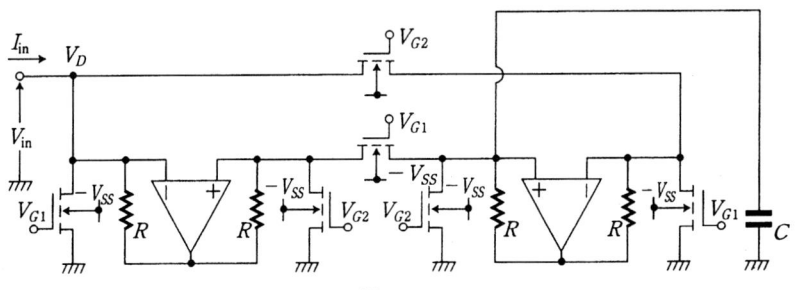

図 A.21

**演習問題 8.6** (1) 式 (8.31) から，$(I_{D1}+I_{D3}+I_{D5})-(I_{D2}+I_{D4}+I_{D6})=2K\{(V_{G1}-V_{G2})(V_{in1}-V)+(V_{G3}-V_{G4})(V_{in2}-V)+(V_{G5}-V_{G6})(V_{in3}-V)\}$ となる．

(2) (1) の結果から，$V_{G1}-V_{G2}+V_{G3}-V_{G4}+V_{G5}-V_{G6}=0$ となる．

(3) 演算増幅器の性質から，$I_3+(I_{D1}+I_{D3}+I_{D5})=0$，$I_4+(I_{D2}+I_{D4}+I_{D6})=0$ であり，MRC の性質から，$I_3-I_4=2K(V_{Ga}-V_{Gb})V_{out}$ であるから，$V_{out}=-\dfrac{(V_{G1}-V_{G2})V_{in1}+(V_{G3}-V_{G4})V_{in2}+(V_{G5}-V_{G6})V_{in3}}{V_{Ga}-V_{Gb}}$ となる．

# 索　引
(五十音順)

## あ　行

位相特性（phase characteristic）　58

ウェーハ（wafer）　73
ウェル（well）　9

演算増幅器（operational amplifier）　137
エンハンスメント型（enhancement mode）　8

## か　行

回路シミュレータ（circuit simulator）　164
拡散（diffusion）　4
重ね合わせの理（superposition theorem）　78
カスコードカレントミラー回路　128
カスコード接続（cascode connection）　123
カスコード増幅回路（cascode amplifier）　67
過渡解析（transient analysis）　171
可変抵抗回路（variable-resistance circuit）　153
可変利得増幅回路（variable-gain amplifier）　157
カレントミラー回路（current mirror circuit）　87
緩衝増幅器（buffer）　45
感度解析（sensitivity analysis）　173

基板（substrate）　5
基板効果（body effect）　16
基板効果伝達コンダクタンス（body-effect transconductance）　27
基本増幅回路（basic amplifier）　38
逆相増幅回路（inverting amplifier）　45
逆方向バイアス（reverse bias）　5
キャパシタンスマルチプライヤ（capacitance multiplier）　161
キャリア（carrier）　2
極座標形式　58

空乏層（depletion）　4

ゲート（gate）　6
ゲート接地増幅回路（common-gate amplifier）　42

交流解析（A.C. analysis）　170
コモン・セントロイド形状（common-centroid configuration）　132
固有電位障壁（built-in potential）　5
コルピッツ発振回路（Colpitts oscillator）　109

## さ　行

最外殻電子　1
再結合（recombination）　4
雑音解析（noise analysis）　173
差動増幅回路（differential amplifier）　76
差動増幅回路の大信号特性　116
差動対（differential pair）　76

差動入力電圧（differential-mode input voltage） 77
差動半回路（differential-mode half circuit） 79
差動利得（differential-mode gain） 79
サブストレート（substrate） 6

しきい電圧（threshold voltage） 8
自動利得調整回路 120
しゃ断周波数（cutoff frequency） 58
しゃ断領域（cutoff region） 12
集積回路（integrated circuit） 73
縦続接続型増幅回路（cascade-type amplifier） 45
自由電子（free electron） 2
周波数条件 109
周波数特性補償（frequency-characteristic compensation） 144
出力インピーダンス（output impedance） 37
出力ひずみ（output signal distortion） 98
順方向バイアス（forward bias） 5
小信号解析（small-signal analysis） 24
小信号等価回路（small-signal equivalent circuit） 26
少数キャリア（minority carrier） 3
真性半導体（intrinsic semiconductor） 3
振幅特性（amplitude characteristic） 58

水晶発振回路（crystal oscillator） 111
スルーレート（slew rate） 150

正孔（hole） 2
正相増幅回路（noninverting amplifier） 45

積分器（integrator） 159
絶縁体（insulator） 1
ゼロ時定数解析法（zero time-constant analysis） 63
線形回路（linear circuit） 78
全高調波ひずみ率（total harmonic distortion） 177

相対素子感度（relative sensitivity） 96
増幅作用（amplification） 20
ソース（source） 6
ソースカップルドペア（source-coupled pair） 76
ソース接地増幅回路（common-source amplifire） 38
ソースフォロワ（source follower） 41
素子感度（sensitivity） 96

## た　行

多結晶シリコン（polysilicon） 74
多数キャリア（majority carrier） 3
単位トランスコンダクタンス係数（unit transconductance parameter） 12

チャネル（channel） 7
チャネル長（channel length） 7
チャネル長変調係数（channel-length modulation factor） 15
チャネル長変調効果（channel-length modulation effect） 15
チャネル幅（channel width） 7
直流解析（D. C. analysis） 168
直流電圧源回路（D. C. voltage-source circuit） 83

索　引

| | |
|---|---|
| 直流電流源回路（D. C. current-source circuit） | 83 |
| 直流利得（D. C. gain） | 58 |
| ディプリーション型（depletion mode） | 8 |
| 電圧制御電圧源（voltage-controlled voltage source） | 54 |
| 電圧制御電流源（voltage-controlled current source） | 27 |
| 電圧増幅度（voltage amplification factor） | 21 |
| 電圧フォロワ（voltage follower） | 141 |
| 電圧利得（voltage gain） | 36 |
| 電気伝導度（conductivity） | 1 |
| 伝達コンダクタンス（transconductance） | 27 |
| 電流利得（current gain） | 36 |
| 電力条件 | 109 |
| 電力利得（power gain） | 36 |
| 同相除去比（common-mode rejection ratio） | 81 |
| 同相入力電圧（common-mode input voltage） | 77 |
| 同相半回路（common-mode half circuit） | 80 |
| 同相利得（common-mode gain） | 79 |
| 導体（conductor） | 1 |
| トランスコンダクタンス係数（transconductance parameter） | 12 |
| ドレイン（drain） | 6 |
| ドレイン接地増幅回路（common-drain amplifier） | 40 |
| ドレイン抵抗（drain resistance） | 27 |

## な　行

| | |
|---|---|
| 内部抵抗（internal resistance） | 55 |
| ナレータ（nullator） | 139 |
| 2乗則（square law） | 13 |
| ニュートン法（Newton method） | 170 |
| 入力インピーダンス（input impedance） | 36 |
| 入力換算オフセット電圧（input-referred offset voltage） | 151 |
| ネットリスト（net list） | 165 |
| 能動負荷（active load） | 87 |
| ノレータ（norator） | 139 |

## は　行

| | |
|---|---|
| ハートレー発振回路（Hartley oscillator） | 113 |
| バイアスオフセット回路技術（bias-offset technique） | 122 |
| バイアス設計（bias design） | 22 |
| バイアス点（bias point） | 22 |
| 発振（oscillation） | 107 |
| 発振回路（oscillator） | 108 |
| バッファ（buffer） | 45 |
| バルク（bulk） | 6 |
| 半導体（semiconductor） | 1 |
| 非飽和領域（nonsaturation region） | 12 |
| フーリエ解析（Fourier analysis） | 173 |
| フォールディッドカスコード接続（folded cascode connection） | 127 |
| 負荷線（load line） | 22 |

| | | | |
|---|---|---|---|
| 負帰還回路（negative feedback circuit） | 94 | レイアウト（layout） | 132 |
| 負帰還回路技術 | 94 | レベルシフト回路（level shifter） | 91 |
| 不純物半導体（extrinsic semiconductor） | 3 | **欧　文** | |
| 負性インピーダンス変換器 | 154 | Caprio's Quad 回路 | 118 |
| プロセス（process） | 74 | CMRR | 81 |
| 飽和領域（saturation region） | 13 | $GB$ 積 | 150 |
| ボード線図（Bode diagram） | 58 | | |
| ホール（hole） | 2 | MOS 構造（MOS structure） | 6 |
| ポリシリコン（polysilicon） | 74 | MOSFET | 8 |
| **ま　行** | | MRC | 156 |
| マスクパターン（mask pattern） | 74 | n 型半導体（n-type semiconductor） | 3 |
| | | n チャネル MOS トランジスタ（n-channel MOS transistor） | 7 |
| ミラー効果（Miller effect） | 54 | | |
| **ら　行** | | p 型半導体（p-type semiconductor） | 3 |
| 理想演算増幅器 | 137 | pn 接合（pn junction） | 3 |
| 利得帯域幅積（gain-bandwidth product） | 150 | p チャネル MOS トランジスタ（p-channel MOS transistor） | 7 |
| ループ利得（loop gain） | 96 | SPICE | 164 |

#### 著者略歴

**髙木茂孝（たかぎ しげたか）**
1986年　東京工業大学大学院博士課程修了
現　在　東京工業大学大学院理工学研究科
　　　　教授
　　　　工学博士

---

**ＭＯＳアナログ電子回路**　　　　　定価はカバーに表示

1998年 6月16日　初版第 1 刷
2014年 9月15日　新版第 1 刷

著　者　髙　木　茂　孝
発行者　朝　倉　邦　造
発行所　株式会社　朝　倉　書　店
　　　　東京都新宿区新小川町6-29
　　　　郵便番号　162-8707
　　　　電話　03(3260)0141
　　　　ＦＡＸ　03(3260)0180
　　　　http://www.asakura.co.jp

〈検印省略〉

© 2014〈無断複写・転載を禁ず〉

ISBN 978-4-254-22161-9　C 3055

JCOPY　〈(社)出版者著作権管理機構 委託出版物〉

本書の無断複写は著作権法上での例外を除き禁じられています。複写される場合は、そのつど事前に、(社) 出版者著作権管理機構（電話 03-3513-6969，FAX 03-3513-6979，e-mail:info@jcopy.or.jp）の許諾を得てください。

## MOS アナログ電子回路　正誤表

| ページ | 誤 | 正 |
|---|---|---|
| p.27 式 (2.19) | $V_{GS}$ | $V_{DS}$ |
| p.48 図 3.16 | $V_{gs1}$ | $V_{gs2}$ |
| p.105 図 6.8 | $g_m v_{i3}$ | $g_m v_{i2}$ |
| p.130 12 行目 | ゲート-ソース間電圧 | ドレイン-ソース間電圧 |
| p.157 式 (8.45) | $I_3 - I_4$ $= (I_{D1} - I_{D2}) - (I_{D3} - I_{D4})$ | $I_3 - I_4$ $= (I_{D1} - I_{D2}) + (I_{D3} - I_{D4})$ |